용감한 과학자들의
지구 언박싱

지동설부터
플룸 이론까지
지구에 관한
세상 모든 과학

용감한 과학자들의
지구 언박싱

이끼유
지음

곰곰

머리말

지동설에서 플룸 이론까지 지구에 관한 모든 것

지구상에 살고 있는 인간은 대부분 지표면 어딘가에서 태어나 살다가 지구와 우주의 경계인 카르만라인을 벗어나지 못 하고 죽는다. 그뿐만 아니라 땅속으로 깊게 파고들지도 못 한 채 생을 마감한다. 그렇다고 바다를 구석구석 다 아는 것도 아니다.

우주에서 인간을 유심히 보는 외계인이 있다면 인간이 땅에 붙어 개미처럼 움직이는 존재로 보일지도 모른다. 그럼에도 불구하고 인간은 지구에 대해 여러 사실을 알아냈다. 그런 일은 주로 과학자들이 하는데, 지표면을 벗어나지 못하는 인간이 지구에 대해 이렇게 많은 사실을 알아냈다는 점이 놀랍기만 하다.

지구의 프로필을 제대로 작성하려는 과학자들은 몇 부류로 나뉜다. 우선 우주에서 지구의 위치와 운동의 비밀을 밝힌 천문학자들은 우주의 중심은 지구가 아니라 태양이라는 점을 관측과 수학으로 증명했다. 21세기 현대인들도 여전히 해가 뜨고 진다는 표현을 쓰는데, 현대적 관측 장비가 없던 옛날 사람들은 지구가 우주의 중심이 아니라는 사실을 어떻게 알았을까?

다음으로 지구의 나이를 측정하려고 애썼던 과학자들이다. 지구에서 가장 오래된 지층을 찾는 건 불가능하다는 사실을 알아챈 패터슨은 우주에서 날아온 운석의 나이가 지구와 같을 것이라 가정하고 지구의 나이를 측정했다. 만약 패터슨을 모르는 사람에게 지구의 나이를 측정하라는 임무가 주어진다면 어떤 아이디어가 나올까?

마지막으로 지구의 내부구조를 밝히려고 고군분투하는 과학자들이 있다. 이들은 지진파를 이용해 지구 내부에 몇 개의 층이 있음을 알아냈고, 음파를 이용해 바다 바닥에 화산으로 이루어진 산맥이 있음을 알아냈다. 또 지각이 여러 조각으로 나뉘어 서로 다른 방향으로 느리게 움직이고 있다는 사실을 증명했다.

지구의 프로필은 아직 완성되지 않았다. 우리는 먼 우주에 대해서도 잘 모르지만 우리가 살고 있는 지구에 대해서도 잘 모른다. 어쩌면 이 책을 읽고 있는 청소년 중에서 지구의 또 다른 이야기 조각을 찾아낼 과학자가 나올지도!

2024년 2월

이지유

차례

태양계
만들기
게임

우리 우주에는 수많은 행성계가 있습니다. 우리가 여기에 하나쯤 더 만든다고 문제될 것은 없겠죠. 자, 그럼 귀여운 행성계 만들기 게임, 스타트!

패키지에 들어 있는 우주 먼지를 우주에 부어 주세요. 본 패키지에는 2,000,000,000,000,000,000,000,000,000,000 kg인 중심별 하나와 귀엽고 아기자기한 행성들과 여러 돌덩어리를 만들 수 있는 우주 먼지가 포함되어 있습니다. 더 큰 중심별을 만들고 싶다면 우주 먼지 추가 구매를 눌러 주세요.

이제 중심별의 이름을 짓고 기다려 주세요. 우주 먼지들이 알아서 서로 뭉칩니다. 기다리기 지루하면 뿌려진 우주 먼지 가까운 곳에 초신성을 폭발시켜 주세요. 이것은 설정에서 지정할 수 있습니다.

아, 드디어 중심별이 생겼다고요? 별의 이름을 지었나요? 태양이라고 지었다고요? 이름은 언제든지 바꿀 수 있습니다.

태양 주변을 돌고 있던 도넛 모양의 먼지 구름에서 행성이 생기도록 유도하시겠습니까? 행성 만들기는 수동, 자동 모드 중에서 선택하실 수 있습니다. 물리에 자신이 있다면 수동 모드를 선택해서 멋진 행성을 만들어 보세요.

수동 모드를 선택하셨습니다. 행성의 위치를 잘 지정해 주세요. 태양으로부터 떨어진 거리가 잘 맞지 않으면 애써 만든 행성이 깨질 수도 있습니다. 이런, 행성이 자꾸 깨진다고요? 이 과정은 처음부터 다시 시행할 수 있습니다.

자동 모드를 선택하셨습니다. 조금만 기다려 주세요. 태양으로부터 778,012,427㎞ 떨어진 곳에 아주 예쁜 행성이 하나 생겼습니다. 중심별과 아주 잘 어울리는 멋진 줄무늬가 있는 행성이군요. 이 행성의 이름을 지어 주세요.

7단계

목성이라고 지으셨습니다. 수정 사항이 없다면 확인을 눌러주세요. 이 밖에도 큰 행성이 몇 개 더 생겼습니다. 이들의 이름도 지어 주세요.

8단계

행성들의 공전 주기를 설정해 주세요. 행성들의 공전 속도를 먼저 지정하실 수도 있습니다. 공전 속도가 너무 빠르면 애써 만든 행성이 태양계 밖으로 튀어 나가고, 너무 느리면 태양으로 빨려 들어 갈 것입니다. 이런, 행성들이 튀어 나가고 있어요.

9단계

행성들의 공전 주기 자동 설정 모드를 선택하셨습니다. 이제 행성들은 만유인력의 법칙에 따라 평화롭게 공전할 것입니다.

태양계에 만든 행성 가운데 지적인 생명체가 생길 행성을
지정해 주세요. 이들을 잘 길러 내가 만든 태양계에 관해 가
르치고 더 나아가 태양계를 벗어나 이웃 행성계로 여행을
보낼 수도 있습니다.

태양으로부터 150,000,000㎞ 떨어진 곳에 있는 아주 작
은 행성을 고르셨습니다. 이름은 지구라고 지으셨군요. 이
게임에 참여한 다른 참가자들은 이 행성을 알아보지 못할
수도 있습니다. 그래도 설정을 유지하시겠습니까?

지구에 지적인 생명체가 생겼습니다.

13단계

지구인들은 지구가 태양계의 중심이라고 생각하고 있습니다. 지적 수준이 낮아 태양계의 행성들이 투명한 수정구에 박힌 채 지구를 돌고 있다고 생각해요. 그냥 보이는 대로 말이죠.

14단계

지구인들의 수정구에 대한 생각을 없애려면 텔레파시를 보내거나 혜성을 보내세요.

15단계

혜성 보내기를 선택하셨습니다. 태양계 바깥에 있는 돌덩어리들을 태양계 안으로 던져 주세요. 돌덩어리가 목성의 궤도 안쪽으로 들어가면 얼음이 녹으면서 멋진 꼬리를 만듭니다. 지구인들이 수정구가 없다는 것을 깨달을 때까지 혜성 보내기를 선택하셨습니다.

지구인들이 태양계의 본모습을 빨리 깨닫게 하려면 우주에 대해 생각하는 사람의 수를 늘리는 것이 좋습니다. 지구인들에게 우주를 잘 볼 수 있는 도구를 주시겠습니까? 설정으로 들어가서 도구를 선택해 주세요. 만유인력의 법칙을 깨닫도록 힌트를 주시겠습니까? 설정으로 들어가서 인물을 선택해 주세요.

드디어 지구인들 대부분이 태양계의 중심은 지구가 아니라 태양이라는 것을 깨달았습니다. 이들의 지적 수준이 너무 늦게 발달해 짜증이 나신다고요? 어느 세월에 이웃 행성계까지 여행을 가겠냐고요? 그럼, 이 게임을 처음부터 다시 시작할 수 있습니다.

친구와 함께 게임을 하며 누가 만든 지적인 생명체가 먼저 태양계를 빠져 나가는지 내기해 보세요. 한 번 결제로 일억 년 동안 무제한 실행할 수 있습니다. 한정 세일 기간을 놓치지 마세요!

1부

지구는
어디에
있을까?

과학이라는 개념이 없던 고대 그리스에서도 사람들은 이 세계가 어떻게 생겼는지 궁금해했다. 이들이 생각한 우주는 커다랗고 투명한 구에 박힌 별들과 그 안에서 돌고 있는 행성과 태양 따위였는데, 당연히 지구는 그 모든 것의 중심에 있었다. 사람들은 지구가 어디에 있는지에 대해서는 전혀 의심하지 않았다.

그러나 그리스, 로마 시대를 거쳐 이슬람 세계로 천문학의 중심이 넘어가면서 이것을 의심하는 무리들이 생겼다. 과연 지구가 이 세상의 중심일까? 지구가 중심에 있는데, 왜 달과 행성은 이상하기 짝이 없는 경로로 움직이는 걸까? 만약 지구가 이 세상의 중심이 아니라면, 우리는 어디에 있을까?

지구가 어디에 있는지 찾아내는 게임이 시작되었다. 지구는 어디에 있을까? 지구와 천체를 움직이는 원리는 무엇일까? 신의 영역이라 여기던 천체의 움직임을 설명하고 예측하는 일에 도전하고, 인간이 우주의 주인이 아니라는 사실을 알게 된 사람들의 이야기를 들어 보자.

1

무슬림 투시, 새로운 수학 도구를 개발하다

코페르니쿠스는 매우 신선한 충격을 받았다. 고대 그리스의 철학자인 플라톤의 전기에 아주 흥미로운 이야기가 실려 있었기 때문이다. 이야기는 이랬다. 피타고라스학파 중 한 명인 플라톤은 당시 유명한 수학자였던 필로라오스를 만나러 이탈리아로 갔다. 필로라오스는 기원전 475년 무렵 활동하던 그리스 사상가로, 플라톤에게 우주의 중심은 지구가 아니라 따로 있으며 지구는 다른 행성들과 마찬가지로 원 궤도를 그리며 돌고 있다고 이야기했다.

그것뿐이 아니었다. 피타고라스학파 중에는 낮과 밤이 생기는 원인에 관해 당시 사람들이 하던 생각과는 전혀 다르게 접근하는 철학자들이 있었다. 그들은 낮과 밤이 번갈아 오는 이유는 우주 전체가 빙글빙글 돌기 때문이 아니라 지구가 스스로 돌기 때문이라고 했다. 지구의 밤낮을 위해 온 우주가 힘들게 돌 필요 없이 지구가 스스로 도는 것만으로도 간단하게 설명할 수 있다는 것이었다. 코페르니쿠스가 살던 시기는 1500년대, 그가 보기에 2000년 전 그리스 사상가들의 생각은 16세기 사람들의 생각보다 훨씬 파격적이고 혁신적이었다. 무엇보다 정말이지 그럴듯했다.

코페르니쿠스가 이 이야기에 큰 관심을 보인 것은 2세기 이후 1400년 가까이 정설로 이어져 오던 프톨레마이오스의 지구 중심설이 우아하지 않았기 때문이다.

프톨레마이오스에 대해 이야기하자면 피타고라스학파와는 다른 길을 걸은 아리스토텔레스학파를 먼저 말하지 않을 수 없다. 플라톤의 제자인 아리스토텔레스는 그를 따르는 사람들과 산책하며 토론을 즐겼고, 이 때문에 이들에게는 자유롭게 이리저리 걷는다는 뜻에서 소요학파라는 별칭이 따라다녔다. 소요학파의 우주관은 감각을 매우 중요하게 여겼다. 그래서 그들은 우주의 중심은 지구이고 밤과 낮이 생기는 원인은 지구를 제외한 모든 천체가 투명하고 커다란 수정구에 박힌 채 끊임없이 돌고 있기 때문이라고 생각했다. 누군들 그렇게 생각하지 않을 수 있었을까. 아무튼 프톨레마이오스는 이 소요학파의 우주관을 그대로 계승한 사람이라서 당연히 지구를 우주의 중심으로 보았다.

아울러 태양, 달, 행성들은 모두 지구를 중심으로 정확한 원 궤도를 그리며 돌아야 한다고 믿었다. 원이 가장 완벽하고 우아한 도형이었기 때문이다. 요즘 감각으로 치면 이런 믿음이 전혀 과학적이거나 논리적이지 않지만 당시 사람들은 그렇게 생각했다. 태양, 달, 행성, 별은 아침에 떠올라 하늘을 가로질러 땅 아래로 지고 다음 날 아침이면 어김없이 다시 떠오른다. 이런 것을 보면 누구나 이 천체들이 지구를 중심으로 원운동을 한다고 느낄 수밖에 없다. 당시 사람들은 천체들이 투명한 수정구에 박힌 채 지구를 돌고 있다고 믿었으니 천체들은 지구를 중심으로 완벽한 원을 그려야 옳았다. 한 점을 중심으로 모두 같은 거리에 있는 점들의 집합인 원. 중심으로부터 한 점도 엇나가지 않은 완벽한 점들의 모임. 신이 창조한 수정구와 거기에 박혀 있는 천체는 당연히 완벽하고 우아한 원을 그린다. 이 밖에 다른 생각은 할 수도, 해서도 안 되는 것이었다.

그런데 '우아'가 모든 문제를 해결해 주지는 않았다. 감각적으로는 태양이나 달이나 행성들이 투명한 수정구에 박혀 돌고 있으니 완벽한 원 궤도를 그려야 하지만 실제 관측한 결과는 전혀 그렇지 않았기 때문이다. 행성들은 하늘을 얌전히 가로질러 가지 않았다. 달이고 행성이고 하늘을 달리는 속도가 일정하지 않았다. 또 어떤 것은 슬금슬금 뒷걸음질치다가 어느 순간 '나 잡아 봐라' 하면서 방향을 바꾸어 내빼는 것처럼 보이는 이상하기 짝이 없는 행로를 보였다. 천체들은 밤하늘에서 앞뒤로, 또는 위아래로 종횡무진 옮겨 다녔다. 프톨레마이오스는 우아한 원 하나만으로 이런 복잡한 운동을 죄다 설명할 수는 없음을 깨달았다.

결국 프톨레마이오스와 제자들은 우아한 원을 몇 개 더 붙이기로 했다. 우선 행성들이 지구를 중심으로 원 궤도를 그리며 도는 것은 맞는데, 그냥 도는 것이 아니라 그 원 궤도상에 있는 한 점을 중심으로 또 다른 작은 원을 그리며 도는 것으로 수정했다. 그래서 달이나 행성이 움직이는 궤도를 위에서 보면 스프링을 늘려 둥근 원을 만들어 놓은 것 같은 모양이다. 큰 바퀴 위에 작은 바퀴가 있는 것으로 볼 수 있고, 이 작은 바퀴를 '주전원 (周轉圓)'이라고 한다. 그래서 이 설명에 프톨레마이오스의 주전원설이라는 이름이 붙게 되었다.

그다음으로 지구가 우주의 중심인 것은 맞지만 행성이나 달을 포함해 모든 천체가 도는 원 궤도의 중심은 지구에서 살짝 빗나가 있다고 설정했다. 이것을 '이심'이라고 한다. 달이나 행

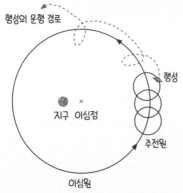

프톨레마이오스와 주전원-이심 체계

위 그림은 프톨레마이오스가 생각한, 지구를 중심에 둔 천체들의 우아한 원운동을 보여 준다. 프톨레마이오스와 제자들은 원 궤도의 중심에서 살짝 벗어난 곳에 우주의 중심인 지구를 두고 그 옆에 이심을 설정한 뒤 행성들은 이심원 위에 작은 주전원을 그리며 돌고 있다고 설명함으로써 우아한 원을 포기하지 않았다. 천동설 지지자들은 우주의 중심을 지구로 두고 모든 천체가 원 궤도를 그리며 지구 둘레를 돌고 있다는 잘못된 가정을 관측 사실에 맞추기 위해 주전원-이심 체계를 만들어 냈다.

성이 완벽하고 우아한 원을 그리며 지구 주위를 돌지만, 지구는 그 원의 중심에서 살짝 벗어나 있다! 이렇게 두 가지 설정을 바꾸고 나니, 관측한 천체들의 궤도가 이론적인 체계와 어느 정도 맞아떨어졌다. 그러나 이 '주전원-이심' 체계에는 심각한 문제가 있었다. 지구가 더는 우주의 완벽한 중심이 아니었던 것이다. 이것은 두고두고 말썽을 일으켰다.

달라진 설정에 따라 프톨레마이오스의 우주 모형은 달과 태양과 행성 하나하나에 제각기 다른 중심으로 도는 원 궤도를 여러 개 덧붙일 수밖에 없었는데, 관측 결과에 맞추고 맞추다 보니 수백 년이 흐른 뒤 그 원의 개수가 90여 개나 되었다. 상황이 이러니 프톨레마이오스의 우주 모형을 이해하려면 전통적으로 이어져 온 고등교육을 받아야만 했다. 물론 요즘도 천문학을 제대로 알려면 고등교육을 받아야 하지만 태양계의 모습을 이해하는 것은 초등학교 5, 6학년 수준의 공교육으로도 충분하다.

인터넷을 검색하면 프톨레마이오스의 주전원-이심 체계를 열심히 프로그래밍해서 애니메이션으로 만든 사이트들을 찾을 수 있는데, 지름이 다른 수많은 원이 서로 다른 점을 중심으로 빙글빙글 돌며 행성들의 움직임을 설명하려고 애쓰는 것을 보고 있노라면 머리가 다 어지럽다. 장난스러운 현대의 프로그래머들은 주전원 1000개를 동원해서 TV 애니메이션의 주인공인

심슨의 모습을 그리기도 했는데, 심슨 그리기에서 알 수 있듯이, 주전원을 무한정 사용하면 아무리 복잡한 궤적도 다 구현할 수 있으며 그 경로를 예상할 수도 있다. 이해하기 어렵고 설명하기 복잡해서 그렇지 프톨레마이오스의 우주 모형은 그만큼 매력적이었다. 그러니 2세기에 시작해서 코페르니쿠스가 살던 16세기까지, 게다가 지동설이 정립되고도 한참 뒤까지 프톨레마이오스의 우주 모형이 이어져 올 수 있었고 어느 누구도 감히 그 견고한 체계를 깰 수 없었다.

하지만 모든 사람이 알고 있었다. 이 모형은 너무나 복잡하다는 것을! 무엇보다 절대 우아하지 않았다.

시간이 흘러 학문의 중심은 고대 그리스에서 이슬람 세계로 옮겨 갔다. 대다수의 무슬림 천문학자와 수학자 들은 프톨레마이오스의 지구중심설을 별다른 생각 없이 받아들였다.

그러나 어느 사회에나 남다른 시각을 가진 사람들이 있기 마련이다. 이 삐딱한 시각의 무슬림 천문학자들은 프톨레마이오스의 우주 모형에서 이상한 점 열여섯 가지를 찾아냈다. 그 가운데 여섯 가지는 우주 모형에서 나타나는 원운동의 중심과 실제 행성의 궤도 중심이 맞지 않는 것과 관련이 있었다. 바로 이심에 관한 문제다. 또 아홉 가지는 행성과 태양과 달의 운동이 천구의 위도를 오르내리는 문제와 관련이 있다. 나머지 하나는 달의 운동이 몹시 불규칙해서 프톨레마이오스의 우주 모형으로는 완벽하게 설명할 수 없다는 점이었다.

12세기 무슬림 천문학자들은 이런 문제들을 보완하고 고쳐 더 나은 우주 모형을 만들기 위해 다양한 시도를 했다. 이런 분위기가 무르익는 가운데 13세기부터 많은 무슬림 천문학자들이 반프톨레마이오스 우주 모형을 들고나왔다. 나시르 알 딘 알 투시·무아이야드 알 딘 알 우르디·이븐 알 샤티르 등이 작성한 반프톨레마이오스 주석서는 나중에 유럽 사회, 그중에서도 코페르니쿠스가 지동설을 확립하는 데 아주 중요한 구실을 한다.

코페르니쿠스의 《천체의 회전에 관하여(De Revolutionibus

Orbium Coelestium)》에는 무슬림 천문학자와 수학자 다섯 명이 등장한다. 사람들은 코페르니쿠스가 그리스 수학을 바로 이어받아 지동설을 완성했다고 알고 있지만 사실은 그렇지 않다. 그리스의 수학이 하릴없이 허공을 떠다니다 느닷없이 코페르니쿠스에게 지동설이라는 개념을 선사한 것이 아니다. 고대의 수학은 문명의 흐름을 따라 이슬람 세계에 전했고, 그것이 다시 유럽으로 흘러간 것뿐이다. 이슬람 세계에서 발전한 수학이 아직 유럽 사회로 넘어가기 전, 코페르니쿠스는 고향인 폴란드를 떠나 바티칸에서 공부하는 동안 라틴어로 번역된 무슬림 천문학 서적과 수학 서적을 접했으며 간혹 번역되지 않은 아라비아의 책은 지인들로부터 그 내용을 전해 들었다.

요즘 젊은이들이 학문의 중심지로 유학을 떠나는 것처럼 코페르니쿠스 역시 당시 학문의 중심지였던 이탈리아로 유학을 갔다. 특히 1500년 여름부터 1501년 봄까지 1년 동안 성년(聖年)을 보내기 위해 로마에 머물렀으며 그곳에서 수학과 천문학 강의를 했다. 과학사가들은 이 시기에 코페르니쿠스가 바티칸 도서관에 소장된 책들을 보며 지동설에 대한 생각을 발전시키고 정립했을 것이라고 한다. 또한 현대 과학사가들은 코페르니쿠스의 작업 중 상당 부분이 무슬림 수학자들의 작업을 이어받은 것임을 증명하고 있다. 그중 한 가지 예를 들어 보자.

1274년 페르시아의 천문학자 겸 수학자였던 나시르 알 딘 알 투시는 원운동을 직선운동으로 바꿀 수 있는 기하학적 구조를 고안해 냈다. 지름의 길이가 2:1인 두 원이 있다. 큰 원에 작은 원을 내접시킨다. 두 원은 내접한 상태로 서로 반대 방향으로 돈다. 작은 원의 어딘가에 붉은색 펜으로 점을 찍어 놓고 위에서 보면 재미있게도 그 점은 왔다 갔다 직선 왕복 운동을 한다.

투시는 복잡하게 여러 원을 동원하지 않고 단지 원 두 개로 수성이나 금성 같은 내행성의 겉보기 운동을 설명할 수 있다는 것을 알아냈다. 그는 1247년에 펴낸《알마게스트(Tahrir al-Majisti)》에서 내접해 도는 두 원에 관한 내용을 그림을 곁들여 설명했다. 그런데 알마게스트란, 라틴어로 쓰여 있던 프톨레마이오스의 우주 모형을 아라비아어로 번역한 책이다. 무슬림 천문학자와 수학자 들은 단순히 번역만 한 것이 아니라, 관측으로 얻은 자료를 보태고 의문 나는 부분을 연구하며 끊임없이 수정했다. 이런 수정 작업이 원본에 주석을 다는 식이었기 때문에 '알마게스트 주석서'라고도 했다. 코페르니쿠스 시대나 그 뒤에도 프톨레마이오스의 우주 모형을 연구하는 학자들은 라틴어로 된 원본 대신 아라비아어로 번역된《알마게스트》를 다시 라틴어로 번역한 책으로 공부했다. 그만큼 무슬림 천문학자들의 주석은 훌륭했다. 그리고 책 제목도 아라비아어를 그대로 사용했다.

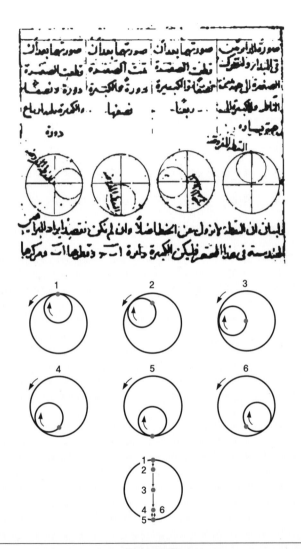

투시 커플

투시 커플은 지름이 2:1이며 내접한 채 서로 반대 방향으로 도는 두 원을 부르는 말이다. 무슬림 수학자 투시가 고안한 이 기하학적 구조는 원운동을 직선운동으로 바꾼다. 위 사진은 투시가 그린 투시 커플로, 이븐 알 샤티르의 주석서에 실려 있다. 코페르니쿠스의 《천체의 회전에 관하여》에도 투시 커플이 언급되었다.

투시의 내접하는 두 원은 14세기에 작성한 주석서에서도 찾아볼 수 있다. 모스크의 시간 관리인이던 이븐 알 샤티르가 프톨레마이오스 우주 모형을 비판하기 위해 만든 주석서에 써넣은 것이다. 훗날 이 주석서들에 담긴 투시의 그림을 본 사람은 고개를 갸웃거릴 수밖에 없다. 이거 어디서 많이 본 그림인데, 어디서 봤더라?

그렇다. 이 그림은 코페르니쿠스의 《천체의 회전에 관하여》 3권 4장에 그대로 쓰였다. 코페르니쿠스가 지동설을 뒷받침하기 위해 투시의 내접하는 두 원에 관해 썼는데, 어찌 된 일인지 자세한 해석을 달지 않았다. 그래서 과학사가들은 코페르니쿠스가 이 아이디어를 빌렸는지 스스로 만들었는지 알 수 없었고, 대부분은 후자라고 믿고 있었다. 그러다 1950년대에 과학사가인 E. S. 케네디가 이븐 알 샤티르의 주석서에서 이 그림을 찾아 또 다른 과학사가인 오토 노이게바우어와 논의한 끝에 코페르니쿠스의 책에 나온 내접하는 두 원은 13세기에 투시가 고안한 수학 도구가 분명하다는 결론을 얻었다. 그리고 케네디는 유머 감각을 발휘해, 내접한 두 원에 '투시 커플'이라는 이름을 붙여 주었다. 그가 의도한 일인지는 모르겠으나 과학 용어 가운데 이렇게 낭만적인 것은 찾아보기 힘들다.

무아이야드 알 딘 알 우르디가 고안한 '우르디 렘마' 역시 코페르니쿠스의 작업에 쓰였다. 렘마란 우리말로 보조정리라고 부르니, 우르디의 보조정리쯤으로 해석할 수 있겠다. 우르디 렘마는 중심과 이심의 중간점을 중심으로 도는 이심원 위를 도는 주전원에 관한 보조정리다. 투시 커플과 우르디 렘마는 코페르니쿠스의 작업에 정교하게 녹아들어 아무도 이것이 아라비아에서 만들어졌다는 사실을 몰랐다. 그러나 코페르니쿠스는 지동설을 주장하는 책을 완성하기 위해 무슬림 천문학자들의 수학을 빌릴 수밖에 없었다. 코페르니쿠스는 무슬림 천문학자들의 꼼꼼하고 체계적인 관측 기록도 사용했다. 그것은 그가 생각하는 새로운 우주 체계를 설명하는 데 없어서는 안 될 자료들이었다.

무엇보다 코페르니쿠스가 아라비아 세계에서 물려받은 가장 중요한 유산은 반프톨레마이오스 사상 또는 반아리스토텔레스 사상, 그리고 안개 속에서 꿈틀거리던 지동설에 대한 감각이다. 코페르니쿠스가 유럽에 나타나기 전부터 이슬람 세계에서는 프톨레마이오스의 복잡한 우주 모형을 단순한 동심원 구조의 우주 모형으로 개선하려는 작업이 이어졌고, 그에 따라 창의적인 수학 모형들이 쏟아져 나오고 있었다. 코페르니쿠스의 작업은 그 연장선상에 있었던 것이다.

2

신중한 코페르니쿠스, 지구 대신 태양을 중심에 놓다

1496년, 23세의 청년 코페르니쿠스는 인생을 바꾸어 놓을 책 한 권을 보았다. 그 책의 제목은 《요약(Epytoma in almagesti Ptolemei)》이다. 그리고 저자는 독일 사람 요한 뮐러로, 라틴식 이름인 레기오몬타누스로 더 잘 알려진 인물이다. 《요약》의 내용이 무엇이길래 이 젊은이의 마음을 흔들어 놓았을까?

당시 프톨레마이오스의 우주 모형에 대해 공부하려면 12세기에 무슬림 천문학자들이 아라비아어로 정리한 《알마게스트》를 다시 라틴어로 번역한 책을 공부해야만 했다. 역사를 거슬러 따라가 보면 《알마게스트》는 아라비아어로 번역되기 전에도 라틴어로 정리되어 있었고, 그보다 훨씬 전 프톨레마이오스가 살아 있던 2세기 무렵에는 그리스어로 정리되어 있었다. 이에 유럽에서는 12세기에 아라비아어로 번역된 《알마게스트》의 근대적 개정 작업이 필요하다고 느꼈다. 여기서 근대적이란 '15세기에 맞게'라는 뜻이다. 레기오몬타누스의 스승이던 포이어바흐는 《알마게스트》를 개정할 때 그리스어로 쓰인 원본을 새롭게 해석하겠다는 원대한 뜻을 품었지만 아쉽게도 이루지 못하고 1461년에 죽고 말았다.

죽기 전 포이어바흐는 제자인 레기오몬타누스에게 자신이 못다 이룬 작업을 꼭 하도록 당부했다. 레기오몬타누스는 스승의 뜻을 받들기는 했으나 그리스어 원본을 새로 번역하지는 않았다. 그 대신 《알마게스트》의 내용을 요약하고, 12세기 이후에 관측한 내용들을 추가하고, 프톨레마이오스의 계산 중 일부를 관측 내용에 맞게 수정하고, 이 우주 모형대로라면 달이 커졌다 작아졌다 하는 현상을 설명할 수 없다는 비판을 더해 새로운 책을 만들었다. 그것이 바로 《요약》이다. 결과를 놓고 보자면, 레기오몬타누스가 스승의 유언을 그대로 받들지 않은 것이 오히려 더 나았다.

그러나 어찌 된 일인지 레기오몬타누스는 생전에 이 책을 출판하지 않고 1476년에 숨을 거두고 말았다. 그리고 20년 뒤인

1496년에 《요약》이 출판되어 코페르니쿠스의 손에 운명적으로 들어갔다. 만약 이 책이 레기오몬타누스 생전에 출판되었다면 프톨레마이오스의 우주 체계에 대한 비판적인 내용에 깊은 감동을 받아 새로운 우주 체계가 필요하다는 절실한 마음이 들었을 사람은 코페르니쿠스가 아닌 다른 젊은이였을 수도 있다.

1500년, 27세의 코페르니쿠스는 바티칸에 머물면서 다양한 책을 접하고 다양한 사람들을 만났다. 바티칸 도서관에는 다른 곳에서는 볼 수 없는 다양한 필사본들이 있었다. 인쇄술이 발달하지 않았던 과거의 책은 일일이 손으로 베껴 만든 필사본들이었다. 《요약》을 본 뒤 프톨레마이오스의 우주 체계가 그리 믿음직하지 못하다고 생각한 코페르니쿠스는 아라비아에서 온 다양한 책과 사상을 접하며 이것들을 집대성해서 새로운 체계를 만들어야 한다고 느꼈을 것이다.

1510년 코페르니쿠스는 프톨레마이오스의 우주 모형을 근본적으로 부정하는 새로운 우주 모형, 곧 태양이 중심에 있고 행성들이 동심원을 그리며 도는 지동설의 기본 틀을 완성했다. 그러나 그는 이것을 출판하지 않고 요약본으로 만들어 가까운 친구들에게만 돌렸다. 이 요약본에는 우주의 중심은 태양 부근에 있으며 지구는 1년에 한 번 태양 둘레를 돌고 하루에 한 번 내부의 축을 중심으로 스스로 돌며, 이와 같은 방법으로 지구를 비롯해 다섯 개의 행성들이 태양 둘레를 돈다고 되어 있다. 수성과 금성은 지구보다 안쪽에서 돌기 때문에 해가 지거나 뜰 때만 보이고, 화성과 목성, 토성은 지구보다 바깥에서 돌기 때문에 지구의 공전 방향과 반대인 동에서 서로 움직이는 역행 현상이 보인다고도 썼다. 또 다른 별들이 박혀 있는 수정구는 지구와 태양 사이의 거리보다 아주 멀리 떨어져 있다고 주장했다. 코페르니쿠스의 주장은 어느 것 하나 틀리지 않았지만, 그는 분명 공식적이며 대대적인 출판을 꺼렸다. 왜냐하면 프톨레마이오스의 우주 모형을 부정하고 새로운 우주 모형을 만들어도 여전히 풀리지 않는 문제가 있었을 뿐 아니라 새로운 문제들이 등장했기 때문이다. 코페르니쿠스는 그 모든 것을 감당할 자신이 없었다.

여전히 풀리지 않는 문제란, 지동설에서도 행성들의 운동 속도가 달라지는 것에 대해 딱히 설명할 방법이 없다는 점이다. 순전히 우아하다는 느낌 때문에 선택한 원 궤도로는 행성들이 하늘을 빠르게 갔다가 느리게 갔다 하는 현상을 설명할 수 없었다. 이것은 훗날 케플러가 행성의 궤도는 원이 아니라 타원임을 밝혀낸 뒤에야 풀 수 있는 문제였다.

무엇보다 문제는 행성이 아닌 별들이었다. 당시 사람들은 별은 태양계의 바로 바깥쪽에 있는 수정구에 붙어 있다고 생각했다. 이렇게 별과 지구의 거리가 가깝다면 지구가 태양을 도는

운동을 할 때 별들이 스쳐 지나가듯이 보여야 한다. 이것은 기차를 타고 가면서 창밖을 볼 때 가까이 있는 나무가 뒤로 지나가는 것처럼 보이는 것과 같다. 그러나 별들은 지구가 전진하기 때문에 뒤로 물러가는 모습을 보이지 않는다. 그렇다면 결론은 하나. 달리는 기차에서 저 멀리 있는 산이 고정된 것처럼 보이듯이 별들 역시 태양계에서 무한히 멀리 떨어져 있어야 한다. 그렇다면 왜 태양계와 별 사이에는 그렇게 큰 빈 공간이 필요할까?

이것을 코페르니쿠스의 방식으로 생각한다면 이렇게 표현할 수 있다.

'왜 신은 태양계와 별 사이에 빈 공간을 두었을까?'

문제는 이것만이 아니었다.

'지구가 움직인다면 바람이 생겨야 하지 않을까?'

또 다른 문제도 생겼다.

'지구와 다른 행성들은 왜 태양으로 떨어지지 않을까?'

결론부터 말하자면, 16세기에 이런 문제에 대해 속 시원히 대답할 수 있는 사람은 아무도 없었다. 코페르니쿠스는 이런 사실을 잘 알고 있었다. 이것이 그가 책의 출판을 미룬 이유다.

1539년, 비텐베르크 대학의 수학 교수였던 레티쿠스가 코페르니쿠스를 찾아갔다. 레티쿠스는 태양을 중심에 둔 새로운 우주 모형이 매우 혁신적이고 중요하다는 것을 알고 있었다. 그는 여러 가지 일로 바빠 책을 낼 생각을 하지 않는 코페르니쿠스를 설득해서 태양중심설을 요약해 출판할 준비를 했다. 신중한 코페르니쿠스는 출판을 여전히 꺼렸지만, 말재주가 좋은 레티쿠스에게 설득당해 책은 곧 출판되는 듯 보였다. 그러나 레티쿠스가 먼 곳으로 전근을 가 출판을 맡을 수 없게 되는 바람에 루터 교회의 목사였던 오시안더에게 일이 넘어갔다.

진보적이던 레티쿠스와 달리 진보도 보수도 아닌 어정쩡한

천체의 회전에 관하여

코페르니쿠스의 《천체의 회전에 관하여》가 출간될 수 있었던 것은 천동설이 그리스 문명과 이슬람 문명을 거치는 동안 끊임없이 의심과 도전을 받는 동시에 지동설이라는 물결이 둑을 넘을 정도로 차올랐기 때문이다. 이 책은 넘치는 물결을 따라 가장 먼저 둑 아래로 던져진 결과물이었다.

자세를 취하던 오시안더는 태양중심설이 교회의 반감을 살 염려가 있다고 여겼다. 그래서 코페르니쿠스의 동의도 없이 태양중심설은 우주의 모습과 천체의 운동 원리를 설명하는 것이 아니라 그저 수학적 설명일 뿐이라는 말을 책의 서문에 넣었다. 책은 우여곡절 끝에 출판되었으나 하필이면 코페르니쿠스가 죽기 직전에 인쇄소에서 나왔기 때문에 자신의 뜻과 관계없이 실린 다소 비겁해 보이는 서문에 대해 그는 왈가왈부할 수 없었다. 이렇게 태양을 우주의 중심에 놓은 《천체의 회전에 관하여》가 1543년 세상에 나왔다.

《천체의 회전에 관하여》가 지동설이라는 혁신적인 사상을 전파하며 잠자던 유럽의 학문을 깨웠다는 것은 몇백 년 지나고 보니 그때 그랬다는 말이지, 사실 당시에는 이 책 때문에 사회가 엄청난 충격에 빠지거나 뜨거운 반향이 일어나지는 않았다. 초판 400부가 다 팔리지 않을 정도로 대중적 인기가 없었고 학자들조차 관심을 보이지 않았다. 상황이 이러니 이 책이 사회에 별 영향을 주지 않는다 싶었는지, 로마 가톨릭교회는 16세기가 다 가도록 이 책과 지동설에 대해 특별히 언급하지 않았다.

그러다 조르다노 브루노가 나타나 말썽을 부리자 로마 가톨릭교회는 이 책에 대해 신경을 쓰지 않을 수 없었다. 사실 브루노는 코페르니쿠스의 태양중심설 추종자는 아니었다. 그러나 로마 가톨릭교회는 그가 부르짖는 태양중심설이 《성경》을 기반으로 하는 기독교의 믿음과 정면으로 부딪친다는 사실에 주목했다. 브루노는 1584년에 출간한 《무한자와 우주와 세계(De l'infinito, universo e mondi)》에서 아리스토텔레스와 프톨레마이오스의 천문학을 체계적으로 비판하면서 자신의 우주론을 펼쳤다. 그는 이 책에서 지구는 우주의 중심이 아니며 우주는 시공간적으로 무한하며 무수히 많은 별이 있고 태양은 그 가운데 하나라고 주장했다. 결국 로마 가톨릭교회는 1600년에 브루노가 불길 속에서 죽도록 화형을 내렸다.

브루노의 재판이 진행되는 동안, 그리고 그의 형을 집행한 후에도 개신교 운동을 주도한 루터교는 《천체의 회전에 관하여》를 강력하게 비난했다. 하지만 로마 가톨릭교회는 이 정도면 태양중심설을 잠재울 수 있다고 생각했는지, 아니면 일 처리가 느려서인지 1616년에 이르러서야 《천체의 회전에 관하여》를 금서로 묶어 버렸다. 그러나 이때는 이미 이 책을 볼 사람은 다 보고도 남을 만큼 시간이 흐른 뒤였다. 이런 일이 벌어지는 동안 《천체의 회전에 관하여》 몇 권은 바다를 건너 영국으로 들어갔고, 그곳에서 이 책을 이해하고 전적으로 동의해 아이디어를 덧붙이는 사람이 생겨났다.

영국 사람 토머스 딕스는 태양을 중심에 두고 지구와 행성들이 동심원 궤도를 돌기만 하면 수성과 금성이 동틀 녘과 해질 녘에 나타나는 것을 아주 간단하게 설명할 수 있다는 사실에 감명을 받았다. 또 지구보다 먼 곳에서 태양을 도는 화성, 목성, 토성의 역행 운동을 설명할 수 있다는 데 또 한 번 놀랐다. 복잡해 보이는 행성의 운동을 내행성과 외행성의 운동으로 간단하게 구분하는 것만으로 모두 설명할 수 있었다. 행성들이 수성, 금성, 지구, 화성, 목성, 토성의 순으로 태양 둘레를 돌고 있다는 사실을 알았다는 것은 지금 생각해도 놀랍다. 당시에는 태양과 행성들 사이의 거리를 잴 방법이 없었기 때문에 행성들이 태양으로부터 얼마나 떨어져 있는지 알 수 없었다. 행성들이 늘어선 순서를 아는 것이 왜 어려운지 이해하기란 그리 어렵지 않다.

오늘 밤에 집 밖으로 나가 하늘을 보라. 그중에 화성, 목성, 토성을 구별할 수 있는 사람이라면 1단계 통과! 몇 날 며칠을 밤마다 나가 이 행성들의 위치를 열심히 추적했다고 치자. 그 궤적만 가지고 우리에게서, 한술 더 떠 태양으로부터 행성들 중 어느 것이 가깝고 어느 것이 먼지 위치를 정할 수 있을까? 태양에 가까운 것부터 먼 것까지 행성들의 순서를 알 수 있는 것은 천문학자들이 그렇다고 해서이지, 실제로 그 행성들이 그런 순서로 늘어서 있는지를 태양계 밖에 나가 본 사람은 단 한 명도 없다. 무슬림 천문학자들과 코페르니쿠스는 태양계, 아니 지구를 한 발자국도 벗어나지 않은 상태에서 행성들이 늘어선 순서를 맞힌 것이다. 이것은 누가 뭐래도 엄청난 발견이다.

코페르니쿠스의 《천체의 회전에 관하여》에 감명을 받은 딕스는 이 책을 논평하는 형식을 빌려 1576년에 지동설에 관한 책을 영어로 썼다. 만약 딕스가 아니었다면, 영국인들이 라틴어로 쓰인 코페르니쿠스의 책을 어떻게 읽을 수 있었겠는가? 그는 당시 과학의 대중화라는 매우 보기 드문 일을 한 셈이다. 또한 딕스의 이야기는 다른 세계의 문물을 받아들이려면 번역을 활발히 하기 위한 기초가 잘 닦여 있어야 한다는 사실을 잘 보여 주는 예다.

딕스는 이 책에서 아주 흥미로운 아이디어를 하나 내놓았다. 그는 코페르니쿠스와 달리 우주를 무한하다고 보았다. 태양계 바깥에 모든 방향으로 무한히 펼쳐진 수많은 별이 있다고 생각한 것이다. 태양계를 둘러싸고 있던 투명한 수정구를 과감히 깨자 우주는 무한한 공간이 되었다. 그와 동시에 인간 의식 또한 무한하게 뻗어 나갈 수 있게 되었다. 자신의 한계를 극복한다는 뜻에서 껍질을 깬다는 말이 있다. 16세기 인간들의 머릿속에 있는 수정구가 깨진 것은 일종의 도약이었다. 인간들은 무한한 우주에서 빛나는 별 역시 또 다른 태양일 수 있다고 상상하게 된 것이다.

딕스가 영국에서 영어로 쓴 책으로 지동설을 대중에게 알리고 있을 때 덴마크에서는 한 섬에 거대한 천문대를 짓고 열심히 하늘을 들여다보는 사람이 있었다. 코페르니쿠스가 관측을 전혀 하지 않고 오로지 수학 이론과 다른 사람들의 관측 자료로 우주의 비밀을 풀려고 하던 것과 대조적으로, 이 사람은 오로지 정확한 관측만이 우주의 비밀을 풀 열쇠라고 믿고 있었다. 그는 귀족 출신에 돈이 많고 열정 또한 많았으며 하고 싶은 일은 꼭 해야 직성이 풀리는 데다 다혈질의 성격을 가지고 있었다. 그의 이름은 티코 브라헤다.

3

열정적인 브라헤,
절충 우주 모형을
만들다

1560년 8월 21일, 어린 티코 브라헤가 코펜하겐에서 일식을 보았다. 비록 태양이 통째로 가려지는 개기 일식이 아니라 태양의 일부만 가려지는 부분 일식이었지만, 브라헤는 이 일을 목격한 뒤로 코펜하겐 대학에서 천문학과 수학 공부에 몰두하게 되었다. 브라헤는 일식의 어떤 부분 때문에 천문학에 빠지게 되었을까? 그의 관심을 사로잡은 것은 달이 태양을 삼키는 신비스러운 모습이 아니라 일식에 관한 과거의 기록이다. 멀게는 고대 그리스의 기록, 가까이는 이슬람 천문학자들의 정확한 관측 기록은 과거의 일식뿐 아니라 미래의 일식까지 알 수 있는 천문표였다. 달과 태양의 운행 경로를 예측할 수 있는 능력, 그것은 아무리 생각해도 신만이 가질 수 있는 능력이었다. 브라헤는 이런 일을 하는 사람들에게 무한한 경외심을 느끼며 자신도 그 대열에 합류하겠다고 마음먹었다.

당시 열세 살이던 브라헤는 18개월가량 코펜하겐에 머무르면서 프톨레마이오스 책의 라틴어 판본을 사서 주석을 달았다. 프톨레마이오스의 책은 '가장 위대한 것'이라는 뜻의 아라비아어 판본 《알마게스트》로 잘 알려져 있었는데, 그리스에서 나온 책의 원래 제목은 너무나도 단순한 '수학적 모음집'이다. 브라헤는 소박한 제목을 단 프톨레마이오스 책의 라틴어 판본을 용돈을 털어 샀고 거기에 꼼꼼하게 해설을 달았다. 귀족 집안에서 자라 대학 진학을 위해 라틴어를 배운 그에게 프톨레마이오스 책의 라틴어 판본을 읽는 것은 그리 어려운 일이 아니었다. 집안에서는 다른 귀족 자제들처럼 감시원까지 대동시켜 그를 라이프치히 대학으로 유학 보냈다. 그러나 그곳에서도 브라헤는 학비로 보내 준 돈을 천문 관측 장비를 사는 데 썼고 밤마다 행성을 관측하는 데 열을 올렸다. 열성적으로 관측한 결과 자료가 쌓여 1563년 16세가 될 무렵에는 과거 천문학자들이 기록하고 예측한 천문표가 실제 관측 결과와 맞지 않는 부분이 많다는 것을 알아챌 정도가 되었다.

특히 토성과 목성이 서로 겹쳐 보이는 '합'이 여러 천문표에서 예견한 것과 며칠에서 한 달가량이나 차이가 났다. 당시 합은 점성술사를 비롯해 왕, 귀족, 그리고 사랑의 점을 보려고 하는 대중에게까지 큰 관심사였다. 행성은 다른 별에 비해 아주 밝아 눈에 금방 띈다. 이런 밝은 별이 거의 붙어 있듯이 가까이 있거나 아주 가까이 붙은 채로 한 줄로 서 있다면 그것은 중요한 사건일 수밖에 없다. 그런데 위대한 천문학자들의 표에 왜 오류가 생겼을까?

브라헤는 이 모든 오류는 행성의 위치를 측정하는 방법이 정확하지 않기 때문이라는 결론을 얻었다. 오늘날 문구점에만 가도 살 수 있는 허름한 망원경 하나 없던 때에 행성의 위치를 표시하는 방법은, 좋은 눈으로 붙박이 별인 항성들 사이의 상대적 거리를 재서 표시하는 것밖에 없었다. 게다가 행성의 운동을 표시하는 일은 한두 해 한다고 표가 나는 일이 아니었다. 목성이나 토성의 경우 한 천문학자가 평생을 두고 관측해야 그나마 신뢰할 만한 자료를 얻을 수 있다. 브라헤는 하늘에서 벌어지는 행성의 운동을 제대로 예측하는 길은 꾸준하고 성실하게, 꼼꼼하고 정확하게 관측하는 것뿐이라고 생각했다.

정확한 관측! 시대를 막론하고 '정확한'이라는 말에는 '더 많은 비용'이라는 조건이 따라붙는다. 16세기 유럽에서 정확한 관측을 한다는 것은 그에 걸맞은 값비싼 컴퍼스를 구입해야 한다는 말과 같았다. 지금 문구점에서 구할 수 있는 보급용 망원경 중 가장 하찮은 것도 브라헤가 사용하던 컴퍼스를 닮은 장비보다는 낫다. 천문학자들은 컴퍼스의 벌어지는 경첩 부분에 눈을 댄 뒤 한쪽 다리 끝은 붙박이 별에, 나머지 한쪽 끝은 행성에 대고 컴퍼스가 벌어진 각도를 기록했다. 이런 방식으로는 같은 장비를 사용해도 재는 사람마다 각도가 다르고, 서로 다른 장비를 사용했다면 그 값은 더욱 부정확할 수밖에 없었다.

브라헤는 이 장비의 정확성을 개선하려고 고향에서 보내주는 학비와 용돈을 털어 직각기를 만들었다. 직각기는 십자가를 닮은 장비로, 기다란 막대를 타고 움직일 수 있는 짧은 막대기가 직각으로 끼워져 있었다. 관측자는 긴 막대기 끝에 눈을 대고 고정된 별과 행성이 짧은 막대기의 양끝에 올 때까지 짧은 막대기를 앞뒤로 움직여 긴 막대기에 있는 눈금을 읽도록 되어 있었다. 그러나 이 장비의 눈금은 생각만큼 정확하지 않아 브라헤는 눈금을 보정하는 보정표를 만들어 사용했다. 부정확한 장비에 대해 보정표를 만들어 관측하는 그의 모습이 안쓰럽다고 생각하는 사람이 있을지 모르겠지만, 최첨단 장비를 쓰는 오늘날에도 '보정' 작업은 과학자들이 흔하게 하는 일 가운데 하나다. 아니, 반드시 해야 할 일이라는 편이 옳다.

브라헤가 본다면 눈이 뒤집어질 정도로 정확한 대형 망원경의 경우, 천체 사진을 찍는 카메라의 필름은 수백만 개의 작은 칸으로 이루어진 전자 칩이다. 그런데 필름을 대신하는 이 전자 칩에서 빛을 감지하는 칸의 감도가 고르지 않아, 천문학자들은 관측하기 전에 망원경을 닫은 채로 사진을 찍어 본다. 전자 칩이 완벽하다면 아무것도 찍히지 않아야 하지만, 가끔 정신 나간 작은 칸들에 정체를 알 수 없는 얼룩이 생긴다. 관측자들은 이것을 유령이라고 부르고, 나중에 천체 사진을 찍은 뒤 유령의 흔적을 지운다.

우주로 나간 허블 망원경의 경우 망원경의 주경에 결함이 생겨 상이 선명하게 보이지 않자, 컬럼비아호를 타고 우주로 나간 우주인들이 보조 거울을 달아 그 결함을 보정했다. 시대와 장비가 다를 뿐 이런 행동은 브라헤가 하던 일과 근본적으로 같다. 우주인들이 우주로 나가는 데는 상당한 예산이 필요하다. 예나 지금이나 '정확한' 결과를 얻으려면 많은 돈과 장비의 결함을 바로잡아 줄 보정 작업이 반드시 필요하다.

브라헤는 코페르니쿠스의 지동설을 아무 검증 없이 받아들일 수 없었다. 무슬림 천문학자들의 관측 기록과 무슬림 수학자들의 기하학을 딛고 이론적으로 태양중심설을 정리한 코페르니쿠스와 달리, 브라헤는 관측과 실험만이 모든 것을 확실하게 증명해 줄 것이라고 믿었다. 프톨레마이오스의 천동설과 코페르니쿠스의 지동설 가운데 어떤 것이 진실인지는 누구도 반박할 수 없는 관측 결과만이 밝힐 수 있으리라. 천동설과 지동설 가운데 어떤 것을 선택할지는 브라헤가 1576년부터 1597년까지 21년 동안 산 벤 섬에서 결정되었다.

벤은 덴마크에 있는 작은 섬인데, 당시 덴마크의 왕이던 프레데릭 2세가 브라헤를 덴마크에 붙들어 두기 위해 이 섬을 통째로 브라헤에게 주었다. 브라헤는 이 섬에 우라니보르크라는 이름의 성을 지었는데, 위에서 내려다보면 십자 모양으로 길이 뻗어 나가 그 끝에는 각각 성루가 있었고 가운데에는 천장이 열리면서 별을 바로 볼 수 있는 웅장한 천문대가 자리했다. 규모만 큰 것이 아니었다. 천체의 각거리를 최대 60°까지 정밀하게 잴 수 있는 육분의, 90°까지 잴 수 있는 사분의를 비롯해 당시 어디에서도 볼 수 없는 거대한 최첨단 관측 장비들을 모두 갖추고 있었다. 이런 관측 장비를 제작하기 위해 브라헤는 장인들을 섬으로 불러들여 살도록 했고, 그들의 가족과 농부·대장장이·목공 기술자 들을 살게 한 데다 책을 만드는 인쇄소까지 갖추어 사실상 작은 국가나 다름없었다. 그 작은 나라의 왕은 브라헤였고, 실제로 그는 어떤 때는 폭군처럼 주민들을 혹독하게 다루어 비난을 받기도 했다.

우라니보르크가 당시 첨단 과학의 요새라는 소문은 바로 퍼져서, 과학이라는 범주에 드는 분야를 연구하는 사람들은 누구나 방문하고 싶어 하는 학문의 중심지가 되었다. 실제로 많은 과학자들이 이 첨단 과학 요새에 발을 들였는데, 그 가운데는 뛰어난 관측가도 있었고 스파이도 있었다. 특히 관측가 중에서 크리스티안 롱고몬타누스는 브라헤 밑에서 8년이나 일하며 1000여 개나 되는 별들의 목록을 정리한 사람으로, 요즘 과학사가들의 말을 빌리자면 관측하는 재능과 기술로는 브라헤보다 훨씬 뛰어난 인물이었다. 망원경이 없던 시절에 별의 위치를 측정하는 일은 뛰어난 시력과 경험을 통해 정확하게 다져진 눈금 보기 능력에 달려 있었다. 아마 요즘 사람들에게 이런 방법으로 별을 하나하나 구별해서 위치를 정하라고 하면 모두 나가떨어질 것이다.

별의 목록을 정하는 방대한 일을 하면서 브라헤는 아주 중요한 사실을 깨달았다. 코페르니쿠스가 주장한 연주시차를 전혀 관측할 수 없었던 것이다. 코페르니쿠스의 우주 모형에 따르면, 지구는 태양 둘레를 돌고 있기 때문에 연주시차를 볼 수 있어야 한다. 다시 말해, 어떤 별을 겨울에 보고 여름에 보면 위치가 조금 달라야 한다는 뜻이다. 연주시차를 가장 쉽게 설명하는 방법은, 손을 뻗은 뒤 한 번은 오른쪽 눈을 감은 채 손을 보고 또 한

우라니보르크

벤 섬에 있는 우라니보르크는 당시 첨단 과학 시설이었다. 가운데 돔이 있는 건물이 있고 성곽과 성루에도 관측 시설이 있었으며 어느 곳에서도 볼 수 없는 거대한 천문 관측기구들 이 있었다. 천체에 관심이 있는 사람이라면 누구나 머무르고 싶어 하던 곳으로, 많은 사람 이 이곳에 몰려들었다. 언제든지 관측할 준비가 되어 있던 그들은 브라헤의 조수가 되는 것 을 큰 명예로 여겼다.

사분의

0°에서 90°까지 눈금이 있는 원호 4분의 1에 해당하는 각도기로 그림과 같이 각도기 중심 부분을 벽에 붙인다. 중심에서 추를 내리면 추가 가리키는 각도는 0°이고 추에서 중심 쪽을 바라보면 천정을 보는 것이다. 사분의를 따라 추를 90°까지 올린 뒤 추에서 중심을 바라보면 지평선을 보는 셈. 이런 방식으로 보려는 별을 사분의 중심에 놓고 추의 끝이 가리키는 각도를 통해 별의 위치를 알 수 있다. 브라헤는 이런 방법으로 화성의 위치를 추적해 나갔다.

번은 왼쪽 눈을 감고 손을 보는 것이다. 양 눈을 번갈아 깜빡일 때마다 손은 다른 곳에 있는 것처럼 보인다. 손을 보는 눈의 위치가 변함에 따라 손의 위치가 달라져 보이는 것처럼, 지구가 태양 주변을 공전하면서 공전 궤도의 한 지점과 그 반대쪽에서 같은 별을 본다면 별의 위치가 달라져 보일 것이다. 이렇게 달라지는 별의 위치를 각도로 나타낸 것이 연주시차다. 그러나 별들의 연주시차는 훨씬 작아서 요즘 천문학자들도 연주시차를 알아내려면 수십억 원이나 나가는 비싼 망원경을 하루에 몇백만 원씩 사용료를 내고 빌려야 한다. 그러니 16세기 관측 기술로는 도저히 연주시차를 알아낼 수 없었다.

이유야 어떻든 연주시차가 발견되지 않자 관측 자료를 최우선으로 치던 브라헤로서는 지동설을 선뜻 받아들이기가 어려웠다. 지금은 누구나 지구가 1초에 30km라는 놀라운 속력으로 태양 둘레를 돌고 있다는 사실을 믿지만, 브라헤가 우라니보르크에서 관측할 당시 코페르니쿠스의 지동설은 책으로 나온 지 수십 년밖에 지나지 않았고 프톨레마이오스의 천동설은 1400년 가까이 모든 천문학자가 신봉한 이론이었다. 브라헤는 증거가 없이는 지동설을 순순히 받아들일 수 없었다.

그러나 이때쯤 브라헤는 코페르니쿠스의 다른 주장을 확인할 필요가 있다고 느꼈다. 그가 선택한 것은 화성이었다. 코페르니쿠스는 《천체의 회전에 관하여》에 지구와 태양 사이의 거리가 지구와 화성 사이의 거리보다 훨씬 멀다고 썼다. 이와 반대로 프톨레마이오스의 《알마게스트》에는 태양이 지구 가까이 있고, 화성이 지구에서 떨어진 거리는 그보다 더 멀다고 되어 있다. 만약 지구에서 화성까지의 거리와 태양까지의 거리를 구해 비교할 수만 있다면, 누구의 이론이 더 진실에 가까운지 알 수 있을 것이다. 브라헤는 화성의 궤도를 누구보다 정확하게 관측하기로 마음먹었다. 그는 화성 관측 전용으로 거대한 벽면 고정식 사분의를 우라니보르크에 만들고 평생 화성 관측에 몰두했다. 하지만 불행하게도 죽을 때까지 화성까지의 정확한 거리를 알아내지 못했다. 그런데 지동설에 대한 관측 증거를 찾으려던 그가 뜻하지 않게 엉뚱한 천체를 관측하다 성과를 얻었다. 바로 혜성이었다.

1577년 11월 13일, 벤 섬의 한 호숫가에서 낚시를 하던 브라헤가 하늘에 못 보던 별이 나타난 것을 발견했다. 브라헤는 즉시 조수들에게 기별을 넣어 모두 나와 그 별을 관측하도록 했다. 여러 날 관측한 결과 그것은 별이 아니라 혜성이라는 것이 밝혀졌다. 유럽에서 가장 뛰어난 조수들과 브라헤의 관측 결과는 놀라웠다. 혜성의 궤도가 원이 아니었던 것이다. 혜성은 달보다 먼 곳에서 출발해 행성들의 궤도를 용감하게 가로질러 지구가 있는 쪽으로 망설임 없이 곧바로 날아오고 있었다. 이것은 큰 충격이었다.

천동설에서 모든 천체는 투명한 수정구에 붙박이로 붙어 구가 도는 것에 따라 하늘에서 움직이고, 모든 천체는 달이 붙어 있는 수정구 안쪽에서만 움직이도록 되어 있었다. 하지만 실제 혜성은 그렇게 움직이지 않았다. 수정구 같은 것이 하늘을 둘러싸고 있다면, 혜성은 그 수정구들을 하나하나 깨고 날아와야 한다. 그러나 하늘 어디에도 그런 흔적은 없었다. 혜성은 수정구 따위는 없다는 듯 자유롭게 날아오고 있었다. 브라헤의 마음은 기울 수밖에 없었다. 코페르니쿠스 쪽으로.

그렇다고 브라헤가 코페르니쿠스의 지동설을 전적으로 받아들인 것은 아니었다. 브라헤 역시 16세기 지구중심설을 기반으로 한 전통 교육을 받은 사람이었다. 그는 지구가 회전축을 중심으로 스스로 돌면서 태양 둘레를 돈다는 주장까지는 도저히 수용할 수 없었다. 결국 그는 지구는 자전하지도 공전하지도 않는다는 자신의 신념을 지키면서 혜성을 관측한 사실에도 잘 맞는 자신만의 새로운 우주 모형을 만들 수밖에 없다는 결론에 이르렀다.

그래서 지구를 우주의 중심에 두고 가장 안쪽에는 달이, 그다음에는 다섯 행성을 거느린 태양이 지구를 돌고 있는 모형을 만들었다. 브라헤는 지동설과 천동설의 적당한 타협점을 찾은 것이다. 그러나 이 타협점은 책상에 앉아서 또는 산책을 하며 상상 속에서 만들어 낸 것이 아니다. 오로지 직접 관측한 자료만을 바탕으로 1000년 넘게 이어져 오던 수정구에 대한 인식을 깨고, 지구를 비롯한 천체들이 어떤 받침대도 없이 우주 공간에 당당히 떠 있다고 생각한 사람은 브라헤가 처음이다.

지동설과 천동설을 절충한 브라헤의 우주 모형에서 우리가 생각해야 할 것은 무엇일까? 오래전 사람들은 이 세상의 중심은 지구이며 모든 천체가 지구를 중심으로 돈다고 믿었다. 그러다 태양이 지구를 도는 것은 맞지만, 나머지 행성들은 태양을 돌며 태양과 함께 덩달아 지구를 돈다며 완벽한 천동설도 지동설도 아닌 주장을 하는 사람이 나타난다. 그래서 그런 줄 알고 있었는데, 또 누군가가 나타나 그것도 아니라고 한다. 그 사람은 우주의 중심은 태양이고 모든 행성이 태양을 중심으로 돌아야 관측한 자료들을 제대로 설명할 수 있다고 주장한다. 만약 과학사가 이런 흐름으로 펼쳐졌다면 자연스러웠을지도 모른다. 그러나 진짜 이야기는 순서가 바뀌었다. 1400년간 이어져 오던 프톨레마이오스의 천동설을 깰 코페르니쿠스의 지동설은 벌써 나와 있는데도 브라헤는 코페르니쿠스의 말을 듣지 않고 두 우주 모형 사이의 절충안을 고안해 내야만 했다. 당시 유럽에서 최고의 천문학자라고 하는 사람이 말이다.

결국 이런 상황은 16세기를 살던 사람들의 인식이 확장되려면 시간이 필요했다는 것을 말해 준다. 지구가 떠돌이라는 사실을 받아들이려면 시간이 필요했던 것이다. 브라헤의 어중간한 우주 모형은 완충 시간을 벌어 주는 구실을 했다. 역설적으로 말하자면, 유럽 사람들에게 코페르니쿠스의 지동설은 그만큼 급진적이었다.

그러나 시대의 물결은 흘러, 1400년간 인간의 믿음을 얻고 있던 천동설이 밀려날 때가 분명히 왔다. 브라헤의 우주 모형은, 몇 세대가 지나면 사람들이 자전하면서 태양 둘레를 신나게 누비는 지구를 인정할 수밖에 없을 것이라고 알려 주는 신호탄과 같았다.

　더 중요한 것은, 브라헤의 꼼꼼한 관측 자료를 이어받은 다음 세대 천문학자가 그것을 바탕으로 우주의 비밀을 푸는 일에 한 발 더 다가갈 수 있었다는 점이다. 그 젊은 천문학자는 브라헤와 달리 귀족도 아니고 돈과 권력도 없었으며 눈도 거의 보이지 않아 천문학자로서는 치명적이었지만, 엄청나게 좋은 두뇌와 목표를 정하면 물고 늘어지는 끈기가 있었다.

4

꼼꼼한 케플러, 행성 운동의 법칙을 알아내다

요하네스 케플러가 불우한 가정환경 속에서도 유창한 라틴어 실력을 쌓고 아델베르크 신학교에 입학할 수 있었던 것은 오로지 그의 뛰어난 두뇌 때문이었다. 당시 독일에는 가난한 가정의 똑똑한 자녀에게 장학금을 주는 계몽 정책이 있었다. 케플러가 그 정책의 덕을 본 것은 당연한 일이었다.

케플러는 1587년에 튀빙겐 대학교에 입학했다. 튀빙겐 대학교는 신학교였지만 수학과 천문학을 가르쳤고, 정규 과정에는 들어 있지 않았지만 프톨레마이오스의 우주 모형과 코페르니쿠스의 우주 모형을 모두 가르쳤다. 사실 튀빙겐 대학교에서 지동설을 가르치던 사람은 미하엘 메스틀린밖에 없었다. 케플러는 그 일대에서 코페르니쿠스의 우주 모형을 가르칠 수 있는 단 한 사람의 제자가 되면서 인생의 경로가 결정된 셈이다. 케플러는 메스틀린의 수업을 통해 태양중심설이 단순하지만 무척 강력한 체계라는 것을 알아차리고 깊은 감명을 받았다. 그는 지구가 행성 가운데 하나임이 틀림없다고 생각하면서 왜 우주의 행성이 여섯 개인지 깊이 생각했다.

오랫동안 고민한 끝에 케플러는 6이라는 숫자가 유클리드 기하학에서 다룰 수 있는 입방체들의 수와 분명히 관련이 있다고 믿고 입방체들을 이용해 독특한 태양계 모형을 만들었다. 우선 태양을 우주의 중심에 두되, 그냥 두는 것이 아니라 정팔면체의 중심에 두었다. 이 정팔면체는 완벽한 구가 둘러싸고 있는데, 이것이 바로 수성의 궤도다. 수성의 궤도인 구는 정이십면체가 둘러싸고 있고, 이것을 둘러싼 구를 둔 뒤 그 구를 금성의 궤도로 본다. 이런 방식으로 정십이면체, 구, 정사면체, 구, 정육면체를 배열하고 마지막으로 그것을 둘러싸는 커다란 구로 이 우주를 마무리했다. 이렇게 입방체를 배열하면 각 행성이 간격을 유지하며 태양 둘레를 돌 수 있다고 생각했다. 그는 이런 생각을 정리해서 1597년에 《우주의 신비(Mysterium Cosmographicum)》를 출판했다.

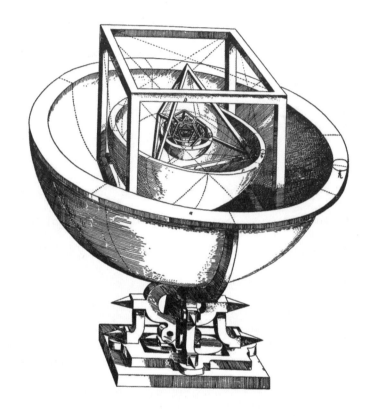

케플러의 태양계 모형

태양계의 실제 모습과는 전혀 닮지 않았지만 정다면체들이 주는 묘한 매력 때문에 케플러와 관련 있는 곳이라면 어디에나 등장하는 모형이다. 도형의 매력 때문에 케플러도 태양계의 모습을 다면체를 이용해서 설명하려고 했을 것이다.

오늘날 《우주의 신비》는 기하학 도형이 겹겹이 둘러싼 행성계 그림으로 유명하지만, 이 책에는 기하학 도형들보다 더 중요한 개념이 담겨 있다. 그것은 코페르니쿠스가 《천체의 회전에 관하여》에서도 말한 것처럼 태양에서 멀리 떨어져 있는 행성일수록 공전 속도가 느리다는 개념이다. 케플러는 태양에서 멀리 떨어져 있는 행성일수록 태양에서 뻗어 나오는 활력이 약해져 천천히 돌 수밖에 없다고 설명했다.

당시 유럽에서는 자석에 대한 연구가 진행되고 있었는데, 케플러는 이 연구에 큰 감명을 받아 태양의 활력이라는 개념을 고안하게 되었다. 활력이라는 말만 들으면 비과학적이거나 주술적이라는 느낌이 들지만, 케플러는 자석이라는 과학적 근거를 가지고 이 말을 만들었다. 물론 케플러는 활력의 물리적 특징과 본질을 설명할 수는 없었다. 하지만 그가 행성이 운동하는 까닭을, 비록 틀린 개념이긴 해도 물리적인 힘으로 설명하려고 했다는 점은 높이 평가해야 한다. 이것이 나중에는 결국 중력이라는 개념으로 발전하기 때문이다.

케플러는 이 책을 여러 사람에게 보냈는데, 그중 가장 흥미로운 인물은 갈릴레이와 브라헤다. 브라헤는 태양중심설을 받아들이지 않아 케플러의 기하학적 우주 모형에 대해서는 동의하지 않았지만, 이 모형을 구축한 꼼꼼하고 끈기 있는 수학 실력에 크게 감동해 편지를 쓰지 않을 수 없었다. 브라헤는 케플러에게 자신의 조수가 될 생각이 있는지 묻는 편지를 썼다. 이것은 케플러가 무척이나 받고 싶어 하던 편지였다. 어쨌든 브라헤는 당시 최고의 천문학자였으니 말이다.

1600년 초 케플러가 드디어 브라헤를 만났다. 당시 브라헤는 20여 년 동안 자신의 열정을 쏟아붓던 우라니보르크에서 쫓겨나 프라하에서 좀 떨어진 베나트키 성에 새로운 천문대를 세워 방대한 양의 관측 자료를 잘 숨겨 두고 있었다. 만약 브라헤가 새로 왕이 된 크리스티안 4세에게 좀 더 머리를 숙였다면 웅대한 우라니보르크에서 케플러를 맞이했을지도 모른다. 그러나 자신감이 넘치던 브라헤는 왕이 자신에게 주던 임금을 깎으려고 하자 항의하는 뜻으로 식솔들을 데리고 벤 섬에서 나왔고, 브라헤의 태도에 격분한 왕은 브라헤가 떠나는 것을 말리지 않았다. 그의 나이 53세, 늙고 기운이 없어서 자료를 모두 분석하는 일은 엄두도 낼 수 없었다. 케플러가 그 일을 할 적임자였다. 28세의 케플러는 우주의 비밀을 푸는 데 브라헤의 관측 자료가 절실히 필요했고 다행스럽게도 젊었다. 이제 자료만 볼 수 있으면 된다. 그러나 이 간단한 일이 간단하게 풀리지 않았다.

의심 많은 브라헤는 케플러에게 자료를 볼 수 있는 권한을 주지 않았다. 브라헤 근처에는 늘 그의 관측 장비와 자료에 대한 비밀을 빼 가려는 스파이들이 들끓었다. 브라헤는 이런 사실을 잘 알고 있어서 성의 보안에 신경을 많이 썼다. 그는 우라니보르크에서 혜성에 관한 책을 출판할 당시 책의 내용이 외부로 새는 것을 염려해 성 안에 인쇄소를 차리고 책을 직접 출판할 만큼 철저한 사람이 아니던가. 그러니 자신의 관측 자료를 호락호락 내줄 리 없었다.

케플러는 이런 상황에서 브라헤의 자료를 분석하려면 1년 이상 그의 곁에 머무르며 신뢰를 쌓아야 한다는 사실을 깨달았다. 하지만 케플러는 정식 조수로 임명받지 못한 상태였고 임금조차 받지 못했기 때문에 그렇게 오래 버틸 수가 없었다. 케플러는 끈기 있게 자신의 처우를 개선하려고 여러 가지 요구 사항을 적어 냈고, 그 결과 베나트키에 간 지 1년 만에 브라헤의 정식 조수로 임명될 수 있었다. 물론 월급도 나왔다. 그 대가로 케플러는 황제의 이름을 따다 '루돌프 표'라고 하는 행성 궤도표를 책으로 엮어야 했다.

황제의 이름이 붙은 일을 해야 하는 자리였지만, 자료를 볼 권한은 여전히 없었다. 그러던 중 운명적인 일이 벌어지고야 말았다. 브라헤가 몸져누워 사경을 헤매게 된 것이다. 브라헤는 의심이 많고 깐깐했지만 자신의 자료를 제대로 분석해 그 속에 담긴 우주의 진실을 꺼낼 수 있는 사람은 케플러뿐이라는 것을 잘 알고 있었다. 그는 잠시 정신이 돌아온 틈을 타 자손들과 조수들이 보는 앞에서 루돌프 표를 완성하는 임무와 함께 자신의 자료 관리를 케플러에게 맡긴다고 유언했다. 아울러 자신의 자료를 코페르니쿠스의 태양중심설이 아닌 절충식 우주 모형이 옳다는 증거로 사용해야 한다는 다짐도 받았다.

브라헤가 죽자 케플러는 브라헤의 자료와 장비와 미출간 원고에 대한 권한을 이어받으며 황실 수학자가 되었다. 그는 이제 마음대로 브라헤의 자료를 볼 수 있었다. 그러나 마음대로 자료를 볼 수 있게 되자 다른 일들이 발목을 잡았다. 월급이 제때 들어오지 않아 생활고에 시달렸고, 브라헤의 유족들은 잊을 만하면 찾아와 루돌프 표와 책을 빨리 완성하라고 재촉해 댔다. 표와 책이 완성되어야 가족들이 돈을 받을 수 있기 때문이었다.

그런데 무엇보다 시간을 많이 빼앗긴 일은 황실 수학자라면 당연히 해야 할 의무인 점성술사 노릇이었다. 당시 수학과 천문학은 오로지 황제나 왕을 신처럼 만들기 위해 존재했다. 돈과 권력이 있는 사람들은 수학자와 천문학자 들의 자연에 대한 원초적인 호기심과 그것을 풀었을 때 찾아오는 깊은 성취감에 대해서는 아무런 관심이 없었다. 황실 수학자와 천문학자가 존재하는 이유는 오로지 황제의 권력이 하늘에서 왔다는 것을 증명하기 위해 앞으로 벌어질 천체 현상을 예언하고 이상한 현상이 나타났을 때 황제를 위해 좋게 해석해 주고 시간이 나면 농부들에게 절기를 알려 주는 것이었다. 케플러는 점성술사가 하는 일이 무의미하다고 생각하면서도 먹고살려면, 무엇보다 브라헤의 자료를 분석하려면 그 일을 할 수밖에 없다는 것을 알았다. 그리고 그 일을 꽤 잘했다. 그 덕분에 케플러는 당시 점성술사로 더 이름을 날렸고 수입도 아주 짭짤했다. 하지만 그 탓에 관측 자료의 분석과 계산은 자꾸 늦어졌다.

어쨌든 케플러는 브라헤가 남긴 화성 관측 자료를 열심히 분석했다. 브라헤는 코페르니쿠스의 주장이 맞는지 확인하려고 평생 화성의 궤도를 추적하는 데 노력을 기울였으나 결국 진실을 알아내지 못하고 눈을 감았다. 이제 화성의 궤도에 대한 비밀을 푸는 일은 케플러에게 넘어갔고, 막 비밀이 벗겨지려고 하고 있었다. 케플러는 화성이 늘 같은 속도로 움직이지 않는다는 사실을 알고 몹시 의아했다. 만약 화성이 태양을 중심으로 완벽한 원 궤도를 따라 돈다면 공전 속도는 늘 같아야 한다.

그러나 화성은 그렇게 움직이지 않았다. 궤도를 둘로 나누어 볼 때 절반 부분에서 공전하는 속도는 나머지 절반에서보다 빨랐다. 공교롭게도 화성은 태양에 더 가까이 있을 때 빨라지는 것 같았다. 이런 현상은 태양을 중심에 둔 완벽한 원 궤도에서는 나올 수 없었다. 결국 케플러는 화성의 궤도에 대해 약간 다르게 해석했다. 원 궤도이긴 해도 중심은 태양에서 약간 벗어난 이심을 갖는다는 것이다.

그는 이런 해석을 하기 위해 지구에서 화성을 바라보는 데 그치지 않고 거꾸로 자신이 화성에 있다고 가정하고 지구를 바라보는 확인 절차를 거쳤다. 전자계산기나 컴퓨터가 없던 시절, 눈으로 관측한 자료를 오로지 펜과 종이를 이용해 산술적으로 계산하고 지구에서 보는 화성과 화성에서 보는 지구의 위치를 알아낸다는 것은 끈질긴 인내와 노력과 집중력이 없다면 불가능한 일이다. 아마 과학사를 통틀어 이런 일을 할 수 있는 인물은 케플러밖에 없을 것이다. 이것은 그 시대 그 인물이 아니면 할 수 없는 일이었다.

결국 1602년, 케플러는 자신의 생각을 정리해 이런 결론을 내린다. '태양과 태양을 돌고 있는 행성 사이를 연결하는 선이 있다면, 이 선은 같은 시간 동안 같은 면적을 휩쓸고 지나간다.' 이것은 훗날 케플러 제2법칙으로 알려진 '면적 속도 일정 법칙'이다.

이 법칙은 행성이 태양 가까이 있을 때는 빨리 공전하고 멀리 떨어져 있을 때는 느리게 공전한다는 뜻이다. 이 법칙을 발견할 때만 해도 케플러는 행성의 궤도가 여전히 완벽한 원이라고 생각했다. 그러나 곧 행성의 궤도가 원이라면 공전 속도가 달라

질 수 없으므로 궤도는 원이 아니어야 한다는 결론을 얻었다. 그는 달걀형을 비롯해 원이 아닌 다른 모양의 궤도를 생각해 보았으나, 계산 결과 궤도는 타원일 수밖에 없다는 사실을 깨달았다. 초점이 두 개인 도형, 타원. 초점 사이의 거리가 멀수록 길쭉한 타원이 되고 가까울수록 원에 가까운 타원이 된다. 초점 두 개가 한 점에 만난 것이 원이다. 초점의 거리가 멀어 길쭉한 타원을 두고 이심률이 크다고 하고, 초점 거리가 짧아질수록 이심률이 작아진다고 한다. 그러니 초점 두 개가 하나로 만난 원은 이심률이 0이다.

1605년, 케플러는 마침내 '행성의 궤도는 타원이며 타원이 가지는 두 초점 중 하나에 태양이 있다'는 제1법칙을 발표했다.

이런, 이렇게 간단할 수가!

타원의 두 초점 중 하나에 태양을 놓으면 된다는 생각을 왜 진작 못 했을까? 원 궤도를 버리고 타원 궤도를 선택하자 이심을 생각할 필요가 없어졌다. 다시 말해, 원 궤도이기는 하지만 공전의 중심은 태양 바로 옆에 있다며 모호하게 설명할 필요가 없어졌다는 뜻이다. 태양은 타원 궤도의 두 초점 중 하나에 있으니까!

케플러는 곧 여러 가지 입방체와 구를 겹겹이 싼 자신의 우주 모형을 서둘러 쓰레기통에 내던졌다. 행성들은 원 궤도를 따라 돌지 않으므로 그런 우주 모형은 아무짝에도 쓸모없었다. 1400년 가까이 믿어오던 우아하고 완벽한 원에 대한 미련을 주저 없이 집어던진 제1법칙과 제2법칙은 1609년《새로운 천문학 (Astronomia Nova)》에 실려 출판되었다. 화성이 원 궤도가 아니라 타원 궤도를 돈다는 획기적인 생각은 세상에 커다란 파문을 불러올 것 같았다. 그러나 그런 일은 일어나지 않았다. 코페르니쿠스의 태양중심설이 발표된 지 60년이 지났지만 사람들은 대부분 여전히 지구중심설을 믿고 있었고, 태양중심설에 관심이 있는 사람조차 원 궤도를 과감히 버리지는 못했다. 케플러의 이론은 논쟁할 가치도 없다고 쳤다. 케플러는 높은 지위를 타고나지 않았고 권력 있는 부모를 두지도 않았으며 브라헤의 그늘에 가려 그리 유명하지도 않은 수학자였다. 그러니 아무리 번뜩이는 아이디어와 법칙이라도 사람들의 입에 오르내리지 않는 것이 당연했다.

《새로운 천문학》을 출판한 뒤 거의 10년 동안 케플러는 연구에 집중할 수 없었다. 생계를 꾸리는 일은 여전히 어려웠고, 두 번의 결혼 생활 동안 자식을 여러 명 보았지만 이런저런 병으로 몇을 잃었으며, 마녀로 몰려 화형될 위기에 처한 어머니를 구하느라 사방팔방으로 뛰어다녔다. 그렇게 노력한 결과 어머니의 화형은 막았지만 행성 궤도의 비밀을 풀려는 연구는 그만큼 연기될 수밖에 없었다. 그래도 시간이 해결해 주는 것도 있었다.

1618년에 케플러가 《세계의 조화(Harmonices Mundi)》를 출판했는데, 거기에는 케플러 제3법칙으로 알려진 행성과 태양 사이의 거리와 공전 주기의 관계가 정리되어 있었다. 책이 온통 신비주의적인 설명으로 채워졌지만, 깔끔하게 정리된 한 문장 때문에 그 많은 비과학적 내용이 모두 묻혀 요즘에는 아무도 뭐라 하지 않는다.

'행성의 공전 주기의 제곱은 행성과 태양 사이 거리의 세제

곱에 비례한다.'

가로를 행성 공전 주기의 제곱, 세로를 행성과 태양 사이 거리의 세제곱으로 놓은 좌표에 행성들의 공전 주기와 태양과 떨어진 거리를 찍으면 각 행성은 원점을 지나는 직선 어딘가에 놓이게 된다는 뜻이다. 당시 이탈리아에 건재하고 있던 갈릴레이가 마침 목성의 위성을 발견한 터라 케플러는 갈릴레이가 발견한 목성의 위성에 대해서도 이 관계를 분석해 보았다. 그랬더니 목성을 중심으로 도는 위성들도 마치 작은 태양계처럼 이와 같은 관계를 고스란히 유지하고 있었다. 지구와 행성들은 목성의 위성이 목성을 돌듯이 태양을 돌고 있었던 것이다. 그것도 정교한 규칙에 따라!

케플러가 평생을 바쳐 발견한 법칙들이 과학을 배우는 학생들에게는 괴로움을 주지만 온 신경이 우주에 집중되어 있는 천문학자들에게는 크나큰 의미가 있는 일이었다. 이 법칙들 덕분에 60년 뒤 영국인들이 만유인력의 법칙을 정리할 수 있었기 때문이다. 케플러가 지구는 이제 세상의 중심이 아니라는 사실을 관측 자료를 분석한 증거로 조용히 주장하고 있을 때 저 남쪽 이탈리아에서는 어떤 사람이 요란하게 지동설을 지지하며 사회에 분란을 일으킬 준비를 하고 있었다. 그는 매우 사교적이고 인맥이 넓었으며 사업 수완이 좋고 순발력이 뛰어나 임기응

변에 능하고 머리가 좋은 데다 아주 인간적인 성품이었으며, 무엇을 하려고 마음먹으면 기필코 해내고야 마는 집요함까지 갖춘 사람이었다. 그의 이름은 갈릴레오 갈릴레이다.

5

노련한 갈릴레이,
최초의
과학자가 되다

갈릴레오 갈릴레이는 요즘 말로 표현하자면 생계형 과학자였다. 물론 갈릴레이가 살던 16, 17세기에는 과학자라는 말도, 과학이라는 개념도 없었다. 그럼에도 갈릴레이는 어떤 현상을 설명할 방법을 찾기 위해 가설을 세우고 그것을 증명하는 실험을 설계하고 실행한 뒤 이론을 정립하는 과학적 방법을 행동에 옮겼고, 그것을 잘 기록해 누구든 설명서대로 따라 하면 같은 결과가 나오도록 한 최초의 과학자다. 요즘 과학자라면 누구나 다 하는 이런 과정, 《사이언스(Science)》와 《네이처(Nature)》같은 이름난 과학 잡지들이 논문을 실을 때 연구 결과를 확인하는 이런 과정이 갈릴레이 전에는 그리 중요하게 여겨지지 않았다. 사실, 필요성을 못 느꼈고 하려는 사람도 없었다.

이 최초의 과학자는 평생 엄청나게 많은 발명과 업적을 남겼다. 그런데 그가 그렇게 열심히 일한 것은 '평생, 모든 순간에, 계속' 돈이 필요했기 때문이다. 그때나 지금이나 돈은 창의적인 일을 하는 사람들에게 큰 동기를 부여한다.

갈릴레이는 케플러에 비하면 부유하고 뼈대 있는 집안 출신이다. 그의 아버지는 집안의 번영을 위해 갈릴레이를 이탈리아 피사에 있는 의과 대학에 보냈는데, 그곳에서 갈릴레이는 의학 공부보다 논쟁을 즐겼고 의학도에게는 그다지 필요 없는 수학 공부를 아주 열심히 했다. 논쟁이라고 하니 갈릴레이가 호전적인 사람이라고 오해할까 봐 덧붙이자면, 갈릴레이가 벌인 논쟁은 논증이라고 보는 것이 옳을 것 같다. 논증이란 무엇을 주장하고 그것을 뒷받침할 근거를 제시하면 상대방이 근거를 대며 반격하고, 이쪽에서는 그 반격에 또다시 방어하는 과정을 말한다. 현대 과학자들 사이에서도 늘상 벌어지는 이 논증이란, 단순한 말싸움이 아니라 열심히 연구해서 얻은 결과를 사람들에게 알리고 그들이 인정하도록 설득하는 과정이다. 갈릴레이는 이런 과정을 즐겼다.

유클리드 기하학에 푹 빠진 갈릴레이는 아버지의 반대를

무릅쓰고 의학 공부를 내팽개친 뒤 피렌체로 가서 부유한 집안 자제들에게 수학을 가르치는 개인 교사로 활동하며 생계를 이어 갔다.

그러나 그는 그렇게 자신이 하고 싶은 일만 하고 살 수 없었다. 그에게는 가족이라는 굴레가 있었다. 당시에는 결혼할 때 신부가 신랑 쪽에 지참금을 지급하는 관례가 있었다. 갈릴레이에게는 여동생이 있었는데, 그 여동생이 좀 있는 집안으로 시집을 갔다. 그 바람에 그는 평생 큰 금액의 지참금을 갚느라 마음고생, 몸 고생을 해야만 했다. 또 미술계의 거장 미켈란젤로와 이름이 똑같은 한량 같은 동생도 있었다. 그 동생은 벌이가 일정

치 않은 음악가로, 방탕하고 사치스러운 생활을 유지하기 위해 평생 형에게 빌붙어 돈을 뜯어 갔고 나중에는 그의 처자식까지 갈릴레이에게 빌붙어 살았다. 갈릴레이는 두 딸을 모두 수녀원에 보냈다. 그럼으로써 그 자신은 막대한 지참금을 물 필요가 없었고, 딸들로서는 그것이 늙어도 보살핌을 받을 수 있는 유일한 방법이었다. 갈릴레이의 일생을 놓고 보자면, 수녀가 되고도 마지막까지 헌신적으로 아버지를 지킨 딸 비르지니아 말고는 가족이 하나같이 짐스러운 인간들뿐이었다. 그러나 하늘은 짊어질 만큼 짐을 준다. 갈릴레이는 짐스러운 가족들을 부양할 만큼 능력이 있었다. 그는 과학자이면서 뛰어난 사업가였고 지략가였다. 그래서 벌기도 많이 벌었다. 물론 늘 부족했지만.

갈릴레이의 사업가적 자질과 처세에 대한 수완을 잘 보여 주는 일화가 많은데, 그중 대표적인 것으로 컴퍼스의 발명과 망원경의 재발명을 들 수 있다. 1590년에 젊은 갈릴레이가 컴퍼스를 발명했다. 우리가 사용하는 컴퍼스와 모습이 같은 이 도구는 포병들이 포탄의 사정거리를 계산하는 도구로 아주 유용했고 복리 계산을 쉽게 해 주는 계산자로도 쓰였다. 이것은 당시 전자 계산기 같은 것이었다. 갈릴레이는 컴퍼스의 기능을 계속 보완해서 정교하게 만들어 싸게 팔았다. 그 대신 컴퍼스를 사용하는 방법을 가르치는 강좌를 열어 비싼 수강료를 내도록 했다. 이런 판매 전략이 단기간에는 효과가 커서 상당한 수익을 올릴 수 있었다. 그러나 얼마 지나지 않아 비싼 등록금을 낸 수강생들은 복제품을 만들기 시작했고, 이것이 다른 지역으로 퍼져 나가자 갈릴레이에게 돌아오는 수입은 급격하게 줄어들었다.

망원경에 대해서라면 갈릴레이가 어찌나 요란하게 재발명을 했는지 원래 발명자인 리퍼세이의 이름은 묻혀 버렸다. 1609년 7월, 갈릴레이가 베네치아를 방문하는 길에 네덜란드에서 한 안경 제작자가 망원경이라는 아주 쓸모 있는 물건을 발명했다는 소식을 들었다. 멀리 떨어져 있는 물체를 가까이 있는 것처럼 보이게 해 준다는 이 물건, 갈릴레이는 이것이 자신에게 큰 기회를 안겨 줄 물건이라는 것을 직감했다. 베네치아는 항구 도시로 무역이 번성한 곳이었다. 물건과 돈이 있는 곳에는 언제나 약탈자들이 끊이지 않았다. 그래서 멀리서 오는 배의 정체를 알아내는 것은 아주 중요한 일이었다. 망원경은 그 일을 하는 데 아주 '딱'이었다. 갈릴레이는 망원경을 잘 이용하면 명예와 돈을 한꺼번에 얻을 수 있을 것이라고 확신했다.

그런데 이 일을 어쩐다? 리퍼세이가 자신이 발명한 망원경을 팔려고 파도바를 거쳐 베네치아로 온다는 소식이 들렸다. 갈릴레이는 가능한 한 모든 인맥을 동원해 리퍼세이가 만든 망원경이 어떤 것인지, 최소한 어떻게 생겼는지라도 알아내려고 애를 썼다. 그리고 마침내 망원경은 기다란 원통 모양이고 양쪽에 렌즈가 달려 있는 물건이라는 정보를 입수했다. 이런, 너무 간단하지 않은가? 갈릴레이는 즉시 렌즈 기술자와 목공 기술자를 불러들여 며칠 만에 망원경을 만들었다. 놀랍게도 갈릴레이가 급하게 만든 망원경은 리퍼세이가 만든 것보다 성능이 좋았다.

의회에도 인맥이 있던 갈릴레이는 총독과 의회가 리퍼세이를 만나는 것을 뒤로 미루고 자신을 먼저 만나도록 손을 썼고, 망원경을 시험하는 자리에서는 높은 사람들에게 최대한 감동을 주려고 온갖 노력을 기울였다. 그러나 이런 노력은 필요 없었다. 10배 배율을 가진 망원경을 들여다보는 순간, 저 멀리 있던 배가 순식간에 코앞으로 와락 달려오는 듯했고, 맨눈으로는 개미처럼 보이던 사람들이 망원경으로는 얼굴을 알아볼 수 있을 정도로 자세히 보였다. 망원경을 처음 본 주교와 총독은 자신들이 보고 있는 것을 이해하느라 식은땀을 흘릴 정도였다. 사람들은 망원경의 접안경에서 눈을 떼지 못했다. 처세술에도 능한 갈릴레이는 그 망원경을 멋지게 장식한 가죽 상자에 넣어 총독에게 선물했다. 선물의 대가는 바로 돌아왔다. 갈릴레이는 파도바 대학의 종신 교수가 되었으며 연봉도 껑충 뛰었다.

갈릴레이는 리퍼세이보다 인맥이 넓고 처세술도 뛰어났으며 사업 수완까지 있었다. 결국 리퍼세이는 베네치아에서 아무

갈릴레이의 망원경

위 그림은 1858년 주세페 베르티니가 그린 프레스코화로, 갈릴레이가 베네치아 총독에게
망원경 사용법을 설명하는 장면을 담고 있다.

런 성과를 거두지 못하고 아쉽게 네덜란드로 돌아갈 수밖에 없었다. 그러나 리퍼세이가 당시 느낀 서운함은 그 뒤 400년 동안 벌어진 일로 받을 상처에 비하면 아무것도 아니었다. 지금도 많은 지구인들이 망원경을 처음 발명한 사람으로 갈릴레이를 꼽으니 말이다.

1610년 초 갈릴레이는 자신이 만든 망원경으로 목성을 돌고 있는 위성 네 개를 발견했다. 이 발견은 천동설을 믿는 대다수 지구인들에게는 매우 놀라운 사실이었다. 적어도 그 위성 네 개는 지구를 돌고 있는 것이 아니었기 때문이다. 우주의 모든 천체가 지구를 중심으로 돌고 있어야 하는데 말이다. 갈릴레이의 이 발견이 지동설의 직접적인 증거가 되지는 못했지만, 갈릴레이는 자신의 발견이 그동안의 지구중심설을 깨뜨리는 데 시작점이 된다는 것을 직감했다. 물론 갈릴레이는 이 큰 발견을 현실 세계에서 실용적으로 적절하게 써먹을 방법도 곧 생각해 냈다. 당시 피렌체에서 가장 큰 권력을 누리고 있던 메디치 가문에 이 위성들을 바치기로 마음먹은 것이다. 목성의 위성 네 개에 '메디치의 별들'이라는 이름이 붙었고, 그 덕분에 갈릴레이는 이 피렌체 부자 가문의 도움을 계속 받을 수 있었다.

갈릴레이는 배율이 더욱 좋은 망원경을 열 개 더 만들어, 그 가운데 하나를 케플러가 사는 지역의 우두머리에게 보냈다. '정치가나 군인 들은 좋은 망원경을 다룰 줄 모르고 필요도 없을 테니 망원경은 케플러에게 전달될 것이다. 망원경을 받은 케플러는 망원경 제작자인 자신이 발견한 목성의 위성을 확인해 줄 것이다.' 이것이 갈릴레이의 계산이었다. 그는 케플러가 자신의 발견을 확인해 줄 수 있는 유일한 천문학자라고 여겼다. 갈릴레이의 예상은 그대로 맞아떨어졌다.

케플러는 그해 9월, 갈릴레이가 선물한 망원경으로 목성의 위성들을 확인한 것은 물론이고 자신이 발견한 행성 운동의 법칙(제3법칙)을 확인하는 데 목성의 위성을 적용하기도 했다. 이로써 갈릴레이와 케플러의 망원경을 통한 대화가 완성되었다. 갈릴레이가 만들어 선물한 망원경 중에 제값을 한 것은 아마도 케플러에게 전달된 망원경뿐이었을 것이다.

갈릴레이는 망원경으로 은하수가 수많은 별의 집합임을 알아냈고, 달의 표면은 매끄럽지 않고 수많은 분화구로 덮여 있으며 산맥이 있다는 사실도 알아냈다. 그는 달 표면에 있는 산의 그림자를 보고 그 산의 높이까지 추정했다. 달은 완벽한 구라는 아리스토텔레스주의자들의 믿음은 모두 거짓임이 드러나고 말았다. 달만 그런 것이 아니었다. 태양 표면에는 흑점이 있었다. 흠집 없는 태양이 아니었던 것이다. 갈릴레이는 망원경으로 알아낸 이런 사실들을 《별들의 소식(Sidereus Nuncius)》이라는 책으로 엮어 1610년 3월에 출판했는데, 어찌나 인기가 있었는지 중국어로 번역되어 국제적 명사가 되고 학계에서도 가장 인기 있는 사람으로 평가받게 되었다.

그러나 천동설 지지자들은 아직 꿈쩍도 하지 않았다. 그러던 어느 날, 갈릴레이의 제자 가운데 한 사람인 카스텔리가 코페르니쿠스의 모형이 옳다면 금성은 달처럼 위상 변화가 나타나야 한다고 주장했다. 즉 금성도 달처럼 모양이 변해야 한다는 것이다. 갈릴레이는 이런 주장이 있기 전에 이미 금성의 모양이 늘 동그랗지 않고 초승달이나 반달처럼 보인다는 사실을 알고 있었다. 그는 제자에게 그 주장이 옳다는 편지를 보냄과 동시에 천문학에서도 어떤 예측이나 가정이 관찰이나 관측이라는 실험으로 증명될 수 있다는 사실을 깨달았다. 이것은 가설과 검증이라는 훌륭한 과정을 거쳐 코페르니쿠스 체계를 증명한 것이었다. 그러나 천동설을 지지하는 아리스토텔레스주의자들을 설득할 수는 없었다.

갈릴레이는 1624년에 로마에서 교황을 만나 프톨레마이오스의 체계와 코페르니쿠스의 체계에 대한 책을 써도 좋다는 허락을 받았다. 지금 이 책에서는 이 역사적인 사실을 단 한 문장으로 표현하지만, 처세에 능하고 목적의식이 분명한 갈릴레이의 평소 성품으로 미루어 보아 이 허락을 얻어 내기 위해 인맥을 동원하고 각종 선의의 거래를 했음이 분명하다. 그럼에도 교회의 허락에는 한 가지 단서가 달려 있었다. 두 가지 모형을 비교할 때 천문학과 수학만을 사용해 공평하게 다루고, 코페르니쿠스 체계에 찬성한다는 표현을 해서는 안 되었다. 다시 말해, 코페르니쿠스 체계를 가르치거나 서술할 수는 있어도 그것이 옳다는 견해를 표현하는 것은 허락하지 않았다는 뜻이다. 갈릴레이는 이 조건을 받아들였다. 갈릴레이처럼 노련한 사람이 어렵게 잡은 기회를 놓칠 리 있겠는가. 게다가 '이것이 옳다' 하고 직접 말하지 않아도 그런 의미가 드러날 수 있게 글을 쓸 방법은 얼마든지 많았다.

1629년에 드디어 갈릴레이의 책《두 개의 주요 우주 체계에 대한 대화(Dialogo sopra i due massini sistemi del mondo)》가 완성되었다. 이 책의 내용을 간략하게 들여다보자. 두 주인공 살비아티와 심플리치오가 코페르니쿠스 체계와 프톨레마이오스 체계를 대변해 이야기를 나눈다. 살비아티는 갈릴레이와 각별한 친구 사이였던 필립포 살비아티의 이름을 딴 것으로, 실제로도 살비아티는 코페르니쿠스 체계의 열렬한 지지자였다. 심플리치오는 고대 그리스 사람으로, 아리스토텔레스의 저작물에 주석을 달았다. 갈릴레이가 그 이름을 선택한 것은 심플리치오가 프톨레마이오스의 체계뿐만 아니라 아리스토텔레스 지지자를 대변하는 일에 적합하다고 여겼기 때문이다.

이 책에는 두 사람의 대화 사이에 끼어 중재자 구실을 하는 사그레도가 등장하는데, 그는 실제로도 갈릴레이와 친분이 두터웠다. 이 책에서 사그레도는 살비아티와 심플리치오의 이야기를 아주 공평하게 들어 주고 논평하는 척하지만 살비아티의 편을 슬쩍슬쩍 들어 줌으로써 코페르니쿠스 체계를 지지하는 태도를 보인다. 게다가 심플리치오는 이야기를 나눌 때 이해심이 2% 부족한 사람으로 등장해, 이 책을 읽는 사람이라면 누구나 심플리치오가 좀 모자라다고 느끼며 그가 주장하는 천동설에 대해 의구심을 가질 수밖에 없다. 갈릴레이는 매우 교묘한 방법으로 코페르니쿠스의 지동설을 지지한 셈이다. 내용이 이러니, 책을 출판하는 일이 매끄럽게 진행될 리 없었다.

때마침 유럽에는 흑사병이 돌아 사회의 거의 모든 기능이 마비된 상태였다. 게다가 갈릴레이의 책을 출판하기로 한 린체이 학회는 돈이 없어 쩔쩔매고 있었다. 학회의 핵심 인물이며 학회에 필요한 돈을 대고 있던 왕자가 죽었기 때문이다. 이런저런 악재가 겹쳐 갈릴레이의 책은 1631년이 되어서야 인쇄에 들어갔고, 이듬해 책이 완성되어 피렌체에서 처음으로 판매되었다. 갈릴레이는 기쁜 마음으로 책 몇 권을 로마에 보냈다. 그러나 책을 받은 사람들이 모두 기뻐한 것은 아니었다.

어찌 된 일인지 교회의 수장인 교황은《두 개의 주요 우주 체계에 대한 대화》에 나오는 심플리치오와 자신을 동격으로 놓았고, 갈릴레이가 심플리치오라는 인물을 앞세워 자신을 능욕하고 있다고 생각했다. 이런 연유로 갈릴레이는 코페르니쿠스의 지동설을 옹호하고 배포하려고 했다는 혐의에 대해 재판을 받게 되지만, 어느 누구도 갈릴레이가 직접 지동설을 지지하고 가르친 것을 보지는 못했으니 죄를 지었다고 할 수도 없었다. 심증은 있으나 물증이 없는 상황이라고나 할까. 이런 상황에서 교회가 순순히 물러설 수는 없는 노릇이라 재판을 하기는 해야 했다. 그래서 교회는 갈릴레이가 책을 쓸 때 품격 있는 라틴어를 쓰지 않고 누구나 읽을 수 있는 쉬운 이탈리아어로 썼다는 점, 코페르니쿠스를 열렬히 지지하는 윌리엄 길버트의 전기에 대한 연구를 칭찬했다는 점 등을 들어 죄를 물었다. 참 하찮은 죄목이라 아니할 수 없다.

결국 갈릴레이는 자신은 코페르니쿠스 체계를 믿지 않으며 자신의 책에 코페르니쿠스 체계에 유리한 내용을 넣은 것은 잘못이었다는 성명서에 서명을 하고서야 고문을 피할 수 있었다. 그리고 평생 집에서만 생활해야 하는 가택 연금 판결을 받았다.

갈릴레이는 가택 연금 상태에서《새로운 두 과학에 대한 논의와 수학적 논증(Discorsi e dimostrazioni matematiche, intorno à due nuove scienze)》이라는 책을 완성했다. 이 책에는 진공 상태의 운동·진자의 운동·등속 운동·가속 운동·관성·물체의 힘 등에 대한 수학적 분석과 설명이 담겨 있는데, 이것은 갈릴레이 평생 연구의 집대성이다. 흥미로운 사실은 갈릴레이가 가능한 한 모든 가설을 실험해서 증명해 보려고 애썼다는 점이다. 갈릴레이는 비탈면을 내려가던 공이 바닥을 지나면 출발했던 높이와 같은 높이까지 반대편 비탈면을 올라간다는 사실을 알았다. 내려가는 비탈면과 올라가는 비탈면의 기울기가 달라도 결과는 같았다. 만약 올라가는 비탈면의 기울기가 0이라면 어떤 일이 생길까? 갈릴레이는 그 공은 마찰이 없거나 누군가 멈추려고 힘을 주지 않는 한 영원히 굴러갈 것이라는 사실을 알았다. 바로 관성을 생각해 낸 것이다. 이런 생각은 그전에 어느 누구도 하지 않았다. 관성이라는 개념은 훗날 뉴턴에게 큰 영향을 주어 그가 과학사에 남을 법칙을 정리하게 했다.

이 책 역시 살비아티와 심플리치오와 사그레도가 등장해 대화하며 논증을 이어 간다. 여기서도 심플리치오는 아리스토텔레스의 사상에 젖어 살비아티의 이야기를 잘 이해하지 못하는 사람으로 그려진다. 어느 부분에서는 살비아티와 사그레도가 길게 이야기하고 심플리치오는 잠깐만 등장하기도 한다. 이 우주는 신이 아닌 인간이 대화로 이해할 수 있는 법칙에 따라 움직이며 이 법칙은 수학으로 설명할 수 있고 얼마든지 예측할 수 있다는 것을 주장하는 책이니 살비아티와 사그레도의 대화가 길어질 수밖에. 갈릴레이는 교회에 또 한 방 먹인 꼴이 되었다. 내용이 이러니 가택 연금 중이던 그는 이 책을 이탈리아에서 출판할 수 없었다.

이 원고는 몰래 네덜란드로 반입되어 레이덴에서 1638년에 출판되었다.《새로운 두 과학에 대한 논의와 수학적 논증》은 출판되자마자 엄청난 인기를 누리며 팔려 나갔다. 이 책은 제목처럼 유럽 전역에 새로운 과학을 퍼뜨려 유럽의 근대 과학 발전에 크게 기여했다. 반면, 이탈리아에서는 이 책을 금서로 묶어 아무도 볼 수 없었다. 교회는 사람들이 이 책을 보지도 못하고 인용도 하지 못하도록 해 학문의 발전에 전혀 기여할 수 없도록 했다. 이탈리아 사람이라면 누구나 읽고 공부할 수 있었던 최초의 근대적 과학 교과서를 이런 식으로 매장하는 바람에 유럽 과학의 중심은 이탈리아가 아닌 곳으로 옮겨 갈 수밖에 없었다.

그 결과 갈릴레이의《새로운 두 과학에 대한 논의와 수학적 논증》은 영국의 다음 세대 과학자들이 딛고 올라설 발판이 되었다. 이와 아울러 우주에서 지구의 위치를 제대로 가늠하는 일 또한 영국인의 손으로 넘어가고 말았다. 새로운 세대를 열 영국 과학자들 중 가장 먼저 무대에 등장한 사람은 로버트 훅이다. 그는 귀족도, 부자도 아닌 집안에서 태어났으며 키가 작고 마른 데다 좌우가 비틀렸기 때문에 외모만으로는 호감을 주기 어려운 인물이었다. 하지만 이런 단점을 모두 보상하고도 남을 정도로 비범한 머리와 손재주가 있어서, 여러 과학자에게 영감을 불어넣고 연구를 성공으로 이끌어 주었으며 당시 과학자 사회의 신사로서 태도와 품격을 갖추고 있었다.

그런 그가 오늘날 사람들에게 잘 알려지지 않은 것은 순전히 뉴턴 때문인데, 훅의 인생을 통틀어 가장 운이 없는 부분이 바로 뉴턴과 같은 시대에 살았다는 점이다. 훅보다 여덟 살 아래인 뉴턴은 사교성이 몹시 부족하고 평생을 두고 여성을 가까이한 적이 거의 없는데, 이를 두고 과학사가들은 그가 아기일 때 어머니와 떨어져 할아버지의 손에 자란 데서 원인을 찾기도 한다. 뉴턴은 강박적이고 집착이 강해 한번 꽂힌 일에 전부를 내던지는 것으로 잘 알려져 있다. 이런 성격이 좋은 쪽으로는 17세기까지 흘러오던 과학의 물결을 그러모아 한 단계 높은 수준으로 끌어올리는 성과로 나타났고, 나쁜 쪽으로는 그 성과를 오로지 자신의 공으로 돌리기 위해 주변 사람을 핍박하고 남의 흔적을 모조리 지워 버리는 것으로 나타났다.

6

G...,
iant

갈릴레이가 가택 연금 상태에서《새로운 두 과학에 대한 논의와 수학적 논증》집필에 몰두하고 있던 1635년, 영국에서 로버트 훅이 태어났다. 훅은 뛰어난 관찰력과 손재주를 타고났다. 화가를 해도 될 만큼 그림을 잘 그렸고 한번 본 장비들을 다시만드는 일이나 용도에 맞는 새로운 장비를 만드는 데 천부적인재능이 있었다.

그는 이런 재능 덕분에 옥스퍼드 대학에서 로버트 보일의유급 조교로 일할 수 있었다. 보일의 실험실에서 훅이 한 일은보일의 실험을 성공시킬 공기펌프를 만드는 것이었다. 보일은 기체의 부피와 압력 사이에는 반비례 관계가 있다는 '보일의 법칙'을 정리한 바로 그 사람이다. 보일의 업적과 기체 압력과 부피의 관계에 관해 다룬 책을 보면 언제나 나오는 실험 장치가 있다. 튼튼한 삼각대 위에 둥근 플라스크 모양을 비롯해 다양한 모양의 유리관이 함께 그려져 있다. 이것이 바로 보일이 설계하고 훅이 제작한 공기펌프와 장비들을 그린 것이다. 그는 장비를 제작했을 뿐 아니라 연구 목적에 따라 실험을 설계하기도 했으니, 오늘날 보일이 화학자로서 명성을 누리는 것은 훅의 실험 장치와 보조가 없었다면 불가능한 일이다.

과학자의 가설을 증명하기 위해 그에 꼭 맞는 실험을 설계하고 장비를 만드는 일, 이것은 근대 과학의 발전에 꼭 필요한 일이었다. 이러니 보일과 훅은 평생 과학적 파트너로 긴밀한 관계를 유지하지 않을 수 없었다. 그렇다고 훅이 과학자들의 그늘 밑에서 조력자로서만 빛을 낸 것은 아니다. 그는 그보다 여덟 살 어린 아이작 뉴턴이 만유인력과 광학을 비롯한 여러 가지 주제에 대해 서신을 주고받을 수 있을 만큼 수준 높은 몇 안 되는 과학자 중 한 사람이었다.

훅은 1662년에 왕립학회의 실험 관리자로 고용되었다. 왕립학회가 1660년에 조직되었으니, 훅은 초창기 회원인 셈이다. 훅은 일주일에 한 번씩 열리는 학회 모임에서 청중에게 실험을 보여 주는 일을 맡았다. 왕립학회 회원 가운데 자신의 이론과 생각을 증명해 보이기 위해 훅에게 실험 설계를 맡기는 이가 많았다. 실험 중에는 흥미를 끌 만한 것들이 많아 이 주간 모임은 아주 인기가 높았다. 논문을 제출한 과학자가 직접 참가하지 못해 훅이 그 논문을 대신 읽어 준 뒤 논평하거나 실험을 대신 해주는 일도 자주 있었다. 논문 낭독, 논평, 실험이 진행되는 과정은 서기가 꼼꼼하게 기록했기 때문에 이때 왕립학회 기록에는 '……라고 훅이 이야기했다', '훅이 실험을 했다'와 같이 훅의 이름이 많이 등장한다. 그래서 최근까지 훅이 나서기를 좋아하고 남의 연구 업적을 자기 것이라고 주장한다는 오해가 퍼져 있었고, 이 때문에 훅의 인격이 평가절하되었다.

그러나 요즘 들어 왕립학회의 기록과 훅의 일생, 훅과 사이가 좋지 않던 뉴턴의 행적에 대해 깊이 파고들면서 훅의 인품은 그동안 잘못 알려져 왔다는 지적이 신뢰를 얻고 있다. 왕립학회 초창기에 아직 조직 정비가 덜 된 상황에서 훅은 없어서는 안될 인물이었다. 훅은 그레샴 대학에서 정규 수업을 진행하면서 학회 일을 해냈으니, 그가 얼마나 바빴을지 짐작할 수 있다. 요즘 말로 하면 '투잡'을 뛴 것인데, 그럴 수밖에 없었던 이유는 역시 돈이 필요해서였다.

왕립학회에서 바쁜 나날을 보내던 훅이 1665년에 현미경학을 집대성한 《마이크로그라피아(Micrographia)》를 출간했다. 갈릴레이가 망원경으로 본 우주의 풍경을 《별들의 소식》에 담아 인간의 인식을 넓혀 주었다면, 훅은 현미경으로 들여다본 작은 세계를 《마이크로그라피아》에 담아 인간의 인식 세계를 넓혀 놓았다. 두 사람은 다른 동물에 비해 그다지 뛰어나지 않은 인간의 시야를 양극단으로 넓혀 놓았다.

훅은 렌즈를 두 개 또는 그보다 많이 사용해 물체를 더욱 크고 선명하게 볼 수 있는 현미경을 개발하고 작은 생물이나 물건을 현미경으로 자세히 본 다음 친구인 크리스토퍼 렌 경에게 부탁해 그림을 그리도록 했다. 이 책의 내용 중 얇게 자른 코르크 조각에서 작은 방과 같은 구조, 곧 세포 구조를 확인한 것이 가장 널리 알려졌다. 그 밖에도 현미경으로 얼룩무늬 천, 비단과 같은 옷감에서부터 곤충, 새의 깃털, 나비의 날개, 파리의 겹눈 등에 이르기까지 다양한 사물을 관찰하고 그린 주옥같은 그림들이 수록되어 있다.

이 책은 일류 과학자의 책이지만 누구나 읽을 수 있도록 쉽게 쓰였다. 쉽게 쓰였다는 점은 무척 바람직하고 칭찬받아 마땅할 일이지만, 아이러니하게도 다른 일류 과학자들은 그것을 좋은 일로 보지 않았다. 시대와 분야를 막론하고 전문가 집단은 매우 폐쇄적이고 텃세가 심해 자신들이 어렵게 이루어 낸 일을 누

훅의 현미경

망원경과 현미경은 인간의 인식을 넓히는 데 가장 큰 구실을 한 도구다. 망원경은 우주로 인식을 확장하는 데 큰 공헌을 했고, 현미경은 인간의 눈으로는 볼 수 없는 작은 세계를 인식하도록 도와주었다. 훅의 현미경으로 세포와 곤충의 복잡한 구조를 보며 놀란 인간은 얼추 350년이 지난 지금, 분자를 알아볼 정도로 현미경을 발전시켰다. 훅은 사진의 현미경으로 코르크 조각과 벼룩을 관찰해 《마이크로그라피아》에 실었다.

가 쉽게 이해하는 것을 견디지 못할 때가 있다. 더 많은 사람이 이해하고 관심을 가질수록 그 분야에 능력 있는 사람이 모이고 투자하는 사람이 늘어날 텐데 말이다. 한 치 앞을 내다보지 못하고 자기 자리를 지키는 데만 급급하면 그 분야의 발전을 기대하기 어렵다.

훅은 자신이 연구한 것을 모든 사람과 공유하려고 애를 썼다. 이 책을 보는 사람이라면 누구든 훅의 작업 순서에 따라 코르크를 얇게 잘라 현미경으로 관찰하고 코르크를 이루고 있는 작은 방 구조를 확인할 수 있다. 이것은 갈릴레이의 과학 방법을 그대로 따른 것이다. 네덜란드 포목상이던 레이우엔훅이 현미경으로 작은 세계를 연구하도록 이끈 것도 이《마이크로그라피아》다. 레이우엔훅은 이 책에 나오는 시료들을 순서도 바꾸지 않고 그대로 따라 관찰하고 적음으로써 훅이 관찰한 것이 틀림없음을 확인하고, 그것을 바탕으로 자신의 연구를 발전시켜 나갔다.

《마이크로그라피아》의 내용 가운데 요즘 물리학자들의 눈길을 끄는 것은 광학에 대한 대목이다. 훅은 물 위에 뜬 기름 막이나, 곤충의 날개처럼 얇은 막이 빛을 반사하고 간섭†을 만들어 다양한 색이 생겨나는 방식에 대해 유리판 두 장으로 실험하

✦ 두 개 이상의 파가 한 점에서 만날 때 합쳐진 파의 진폭이 변하는 현상.

며 설명했다. 식탁 유리처럼 평평한 유리에 볼록렌즈를 놓고 위에서 보면 볼록렌즈를 통해 둥근 고리들을 볼 수 있는데, 이것은 볼록렌즈의 경사진 면과 평평한 유리가 이루는 각도 때문에 빛이 휘고 간섭을 받은 결과다. 훅이 빛의 반사와 간섭을 주장할 수 있었던 것은 빛을 파동이라고 보았기 때문이다. 우리가 골치를 앓는 빛의 파동설, 이것은 당시 빛에 대해 일가견이 있던 하위헌스의 압축설과 다른 생각이었다. 하지만 결론을 놓고 보자면, 훅이 한 수 위였다.

그런데 평평한 유리와 볼록렌즈 사이의 기하학적 구조 때문에 생기는 고리를 뭐라고 부를까? 이 글을 읽는 사람이라면 당연히 '훅의 고리'라고 불러야 한다고 생각할 것이다. 그러나 이 고리의 이름은 '뉴턴의 고리'! 21세기를 사는 사람 가운데 뉴턴의 고리라고 불리는 이 현상이 실은 훅의 고리라고 불려야 옳다는 것을 아는 사람은 아주 드물다. 훅은 어쩌다 자신의 업적을 빼앗겼을까?

뉴턴은 훅의 《마이크로그라피아》를 읽고 광학에 관심을 갖게 되었다. 그리고 1666년부터 광학과 관련 있는 실험을 하기 시작했다. 그 실험에는 뉴턴의 전기에 빠지지 않고 등장하는 프리즘 실험도 포함되어 있었다. 그러나 이 프리즘 실험은 뉴턴이 처음 한 것이 아니고 훅을 포함한 많은 과학자들이 대중 앞에서 즐겨 하던 것이다. 투명한 빛이 프리즘을 통과하자마자 무지갯빛으로 보이는 이 실험이 당시 사람들에게는 마술처럼 신기하게 보였다.

그런데 이 프리즘 실험이 뉴턴의 전기에 빠지지 않고 나오는 것은 뉴턴이 이 실험을 새롭게 개선해서 무지개를 훨씬 선명하게 보이도록 했기 때문이다. 뉴턴은 빛이 들어오는 창문을 가리고 거기에 작은 틈을 내서 빛이 좁고 가늘게 들어오도록 한 뒤, 그 빛줄기가 프리즘을 통과하도록 했다. 아무것도 아닌 것 같은 실험 설계 하나, 창을 가리고 작은 틈 하나를 만든 것 때문에 뉴턴이 만든 무지개는 경계가 선명하고 아름다운 색으로 보인 반면, 다른 과학자들이 만든 무지개는 빛다발 언저리 어딘가에서 일정한 모양을 갖추지 않고 두루뭉술하게 보인 것이다. 그러니 실험을 개선한 사람은 뉴턴이지만, 처음 실험한 사람은 뉴턴이 아닌 셈이다.

뉴턴은 훅의 《마이크로그라피아》 중 볼록렌즈를 통과한 빛에 고리가 생기는 현상을 설명하는 부분에서 몹시 흥미를 느꼈을 것이다. 안 그래도 망원경으로 별을 볼 때 별 둘레에 생기는 고리 때문에 성가시던 뉴턴은 왜 이런 고리가 생기는지 궁금해하고 있었다. 훅의 책을 읽은 뉴턴은 렌즈 두 개를 통과해야 하는 굴절망원경으로는 죽었다 깨어나도 고리가 보이는 현상을 없애지 못한다는 것을 깨달았다. 그래서 훗날 빛이 통과하는 렌즈가 아닌 빛을 반사하는 오목거울을 붙여 반사망원경을 만들었다. 별빛이 들어오는 부분은 아무 렌즈도 달지 않고 그대로 두고 경통의 반대쪽 끝에 오목 반사거울을 달아 별빛을 모은 뒤 경통 중간 부분에 모은 빛을 직각으로 꺾는 평면거울을 달고 경통 옆구리에 구멍을 뚫어 그 빛이 나오도록 만들었다. 이런 망원경을 뉴토니안이라고 부르는데, 이 반사망원경은 경통 끝이 아니라 옆에 붙어서 관측을 한다.

뉴턴이 이렇게 빛에 대해 신기한 실험을 하며 여러 연구 업적을 쌓았다는 소문이 퍼지자 왕립학회는 뉴턴에게 연구 결과를 발표하라고 부추겼다. 1672년 왕립학회에서 멋지게 등장한 뉴턴은 그 자리에서 특별 회원으로 추대되었고, 흥미로운 연구가 더 있다면 또 발표하라는 강요에 가까운 부탁까지 받았다. 이런 칭찬에 흥이 난 뉴턴은 빛에 관한 연구를 정리해 논문을 제출했다.

그런데 뉴턴은 이 논문에서 훅이 먼저 한 연구에 대해 대수롭지 않게 다루는 실수를 일부러 저질렀다. 거의 모든 논문의 이론이나 주장이 아무것도 없던 상태에서 갑자기 나타날 수는 없으니, 앞서 연구한 사람들의 성과를 밝히는 것은 당연한 일이다. 그러나 뉴턴은 훅의 연구에 대해 전통적인 방법으로 언급하지 않고 한 아마추어 실험자가 예상치 않게 그런 실험 결과를 얻었다더라는 식으로 에둘러 서술했다. 사실 뉴턴의 이런 태도는 혹뿐 아니라 다른 과학자를 대할 때도 나타났다. 그 자신이 가장 위대하고 나머지 사람들은 자신을 따라오지 못한다고 믿었기 때문이다. 그게 맞긴 하지만, 뉴턴의 성격은 관대나 겸손과는 거리가 멀었다.

이 논문을 보고 가장 화가 난 사람은 혹이었다. 애송이 과학자가 자신을 우습게 여겼으니 화가 안 날 수 없었다. 그런데 혹의 성격은 뉴턴의 성격과 정반대였다. 그는 사춘기 때 사고를 당해 척추가 휜 탓에 아무리 봐도 인상이 좋은 사람은 아니었다. 게다가 부유하거나 이름 있는 가문 출신도 아니었다. 대학에 다닐 때는 돈 많은 학생의 뒤치다꺼리를 해 주며 학비를 벌었고, 과학계에서 얻은 명성은 오로지 스스로가 노력해서 얻은 결과였다. 상황이 이러니, 혹은 자신의 연구 업적이 제대로 평가받지 못할까 봐 늘 민감하게 반응했다.

혹처럼 정당한 문제를 제기하는 사람이 있는가 하면, 뉴턴의 이론을 이해하지 못해 이것저것 트집 잡는 사람도 있었다. 어찌 안 그렇겠는가. 그런 일체의 공격에 대해 뉴턴은 상대할 가치도 없다는 태도로 대응했고, 결국 어떤 응답도 하지 않기로 마음먹었다. 왕립학회 회원들과 뉴턴 사이에 감정의 악순환이 계속

되었다.

　이런 일이 몇 년 동안 이어지자 왕립학회에서는 조치를 취해야만 했다. 조직 안의 싸움이 길어지면 학회의 인상이 좋지 않을 테니 말이다. 결국 이사회는 나이가 많고 이해심이 더 많은 훅에게 먼저 화해하는 편지를 뉴턴에게 쓰도록 또다시 권고했다. 왕립학회 품위의 상징이던 훅은 매우 정중한 어투로 "나는 그 주제를 탐구하는 데 당신보다 더 적합하고 능력 있는 사람은 없다고 생각합니다. 당신은 내 젊은 시절의 연구 성과를 완성하고, 구체화하고, 개선하기에 적합한 인물입니다." 하고 칭찬했다. 그러고 나서 자신의 능력이 뉴턴보다 못하겠지만 그래도 혼자 실험을 계속할 것이며 자신과 뉴턴의 실험에 대해 이의를 제기하는 사람이 있겠지만 그런 의견에도 귀를 기울여야 할 것이라고 점잖지만 뼈 있는 의견을 썼다.

　뉴턴은 이 화해의 편지를 받고 답장을 썼다.

　"데카르트는 훌륭한 업적을 이루어 냈습니다. …… 만약 제가 더 먼 곳을 봤다면, 그것은 거인들(Giants)의 어깨 위에 서 있기 때문입니다."

　뉴턴의 이 편지 내용은 많은 곳에서 인용되었고, 영국의 과학자 스티븐 호킹은 《거인들의 어깨 위에 서서(The Illustrated on the Shoulders of Giants)》라는 책을 쓰기도 했다. 사람들은 뉴턴이 이렇

게 겸손할 수가 없다고 평가했다. 여기서 거인은 코페르니쿠스·
케플러·갈릴레이 같은 대가들을 일컫고, 뉴턴이 자신의 업적은
그런 사람들의 선행 연구가 없었다면 불가능했다는 것을 인정
했다고 해석했기 때문이다.

　그러나 요즘 과학사가들은 새로운 의견을 내놓는다. 이 문
장을 다르게 해석할 수도 있다는 것이다. 그 해석에 따르면, 훅
의 이름을 언급해야 할 부분에 데카르트를 써넣은 것은 훅의 연
구가 독자적 성과라기보다 데카르트가 이미 시작한 연구의 연

장임을 암시한다. 이는 훅에 대해서라면 공치사도 하고 싶지 않다는 것을 나타낸 것이다. 또한 '거인들'이라는 단어에 굳이 대문자 G를 쓴 것은 체구가 작고 인상이 좋지 않은 훅은 그 거인들 안에 들지 않는다는 표현이다. 현대 과학사가들은 뉴턴의 일생을 재조명하면서 이 문장에서 대문자 G를 쓴 것은 그런 의미임이 틀림없다고 해석하고 있다.

7

집착광 뉴턴, 중력을 수학으로 표현하다

왕립학회에서 왕성히 활동하던 훅은 1660년대에 천체의 인력 또는 중력에 대해 생각하기 시작했다. 1674년에 훅이 남긴 강의록에는 이런 대목이 있다.

"모든 천체는 자신의 중심으로 향하는 인력 또는 중력을 지니는데, 이 힘 때문에 천체가 뭉텅뭉텅 떨어져 나가지 않고 몸체를 유지한다. 단순한 운동을 하는 모든 물체는 직선을 따라 계속 운동하려고 하지만 여러 힘이 가해지면 그 영향을 받아 원, 타원, 복잡한 곡선 운동으로 전환될 수밖에 없다. 인력은 그 물체가 자체의 중심에 가까워질수록 그 힘의 작용이 더욱 강해진다."

같은 해에 출판한 논문에서는 이렇게 썼다.

"원래 달은 직선으로 움직이려는 경향이 있으나 지구가 달을 잡아당기고 있기 때문에 이 두 힘이 합해져서 지구를 돌 수밖에 없다."

여기에서 훅이 천체와 태양 사이 빈 공간에 중력이라는 새로운 개념을 도입했음을 알 수 있다. 이것이 얼마나 획기적인 생각인지 알아보려면 당시 뉴턴, 데카르트, 하위헌스 등이 천체의 궤도 운동을 설명하는 방식을 들어 보는 것이 좋다. 그들은 이렇게 생각했다. '천체는 태양에서 멀어지려는 경향성이 있으나 소용돌이 같은 것이 있어 다시 궤도로 돌려보내 준다.' 훅은 멀어지려는 경향성을 직선운동으로, 소용돌이를 중력이라는 개념으로 바꾸었고 행성의 궤도란 중력으로 굽은 직선이라는 개념을 도입했다.

1679년에 훅은 자신의 아이디어를 편지에 써서 뉴턴에게 보냈다. 뉴턴은 그 편지에 대한 답장에서 이 문제에 대해 별로 이야기하고 싶지 않다는 뜻을 에둘러 표현했다. 그러나 뉴턴은 그 편지에 탑에서 떨어뜨린 물체에 대해 언급하며 만약 이 물체가 지구를 뚫고 들어갈 수 있다면 지구의 중심을 향해 나선형으로 떨어질 것이라는 그림을 아무렇게나 그려 보냈다. 이 그림에 대해 훅은 물체가 지구를 뚫고 지나갈 수 있다면 긴 타원이 될 것이라고 답장을 보냈다. 그랬더니 뉴턴은 다시, 이 물체의 궤적은 처음에는 타원형이다가 나중에는 이러저러하게 변할 것이라고 적어 보냈다. 훅은 이 편지에 대해 "인력은 서로의 중심까지의 거리 제곱에 항상 반비례합니다." 하고 답했다. 뉴턴은 그 편지에 답을 하지 않았다.

과학사가들의 분석으로는 이 편지들이, 뉴턴으로 하여금 행성들은 두 물체 사이에 작용하는 힘의 크기가 물체 사이의 거리 제곱에 반비례한다는 역제곱의 법칙에 따라 타원이나 원 궤도를 돌며, 혜성들은 이심률이 큰 타원이나 포물선 궤도를 돈다는 사실을 수학적으로 증명하도록 만든 도화선이었다. 1680년, 뉴턴은 실제로 이 사실을 훌륭하게 수학적으로 증명했다. 그러나 그는 그 모든 계산 결과를 아무에게도 보이지 않은 채 끌어안고 있었다. 뉴턴의 어두침침한 연구실에서 먼지를 뒤집어쓰고 있던 계산 결과를 밝은 햇빛 아래로 끌어낸 사람은 바로 핼리다. 일이 이렇게 된 배경에는 어떤 내기가 있다.

1684년 1월 왕립학회 모임이 끝난 뒤 훅은 크리스토퍼 렌, 에드먼드 핼리와 아주 흥미로운 대화를 나누었다. 렌은 훅의 《마이크로그라피아》에 그림을 그려 준 화가이자 1666년 런던에 큰 불이 나 도시가 마비될 지경에 이르렀을 때 새로운 도시를 설계한 유명 건축가이며 1677년 뉴턴과 행성 궤도에 대해 편지를 주고받은 과학자다. 에드먼드 핼리는 천문학·화학·지질학과 같은 과학 전반에 걸쳐 광범한 연구를 했을 뿐 아니라 생명보험 회사가 근거 자료로 이용했다는 인구 대비 사망률 조사까지 한 과학자로, 오늘날 핼리 혜성으로만 이름이 알려지기엔 아까운 인물이다.

당시 런던에서 잘나가는 과학자 세 사람이 나눈 대화는 역시 행성의 궤도에 관한 것이었다. 인력의 세기가 행성과 태양 사이 거리의 제곱에 반비례한다는 생각은 이미 새로운 것이 아니었다. 그리고 케플러의 자료 분석에서 나온 행성 운동의 법칙에 따라 행성이 타원 궤도를 돌고 있다는 것도 알았다. 이 법칙들은 케플러가 브라헤의 자료를 바탕으로 일일이 계산해 찾은 것이지, 수학적 정의를 이용해 머릿속에서 구축한 것이 아니다. 그래서 사람들은 케플러의 경험 법칙이라고 부르기도 한다.

훅, 렌, 핼리. 세 사람의 관심사는 이 문제를 수학적으로 증명할 수 있느냐 하는 것이었다. 그들은 이렇게 생각했다. '만약 이 문제를 수학적으로 풀 수 있다면 간단한 방정식을 이용해 행성 운동을 예측하는 것이 가능하다. 우주에 있는 천체의 운동을 인간이 예측할 수 있다면, 이것은 대단한 업적이 될 것이다.' 이 불가능해 보이는 일에 가장 먼저 도전장을 내민 사람은 훅이다. 그는 두 달만 시간을 주면 이것을 수학적으로 증명해 보이겠다고 했고, 렌은 만약 훅이 증명에 성공한다면 책을 상으로 주겠다고 했다. 물론 훅은 이 내기에 이기지 못했다. 아쉽게도 훅에게는 역제곱의 법칙을 이해할 직관은 있어도 그것을 증명할 수학적 능력이 부족했다.

몇 달 뒤 여름, 핼리는 뉴턴을 만나 태양과 행성 사이의 인력이 거리의 제곱에 반비례한다면 행성의 궤도는 어떤 모양이겠느냐고 물었다. 뉴턴은 타원일 것이라고 대답하며 자신은 이미 그런 사실을 계산으로 확인까지 했다고 했다. 핼리는 너무나 놀라웠다. 뉴턴이 행성의 궤도가 천체 사이의 거리의 제곱에 반비례하며 타원 궤도를 그린다는 사실을 수학적으로 증명하기 위한 새로운 계산법을 이미 찾아냈다는 말이기 때문이다. 핼리는 흥분해서 그 계산 과정을 알려 달라고 했다. 그러나 뉴턴은 하도 오래전 일이라 계산 과정을 적은 노트를 당장은 찾을 수 없으니 천천히 찾아보고 보내 주겠다고 약속했다. 핼리는 그냥 돌아설 수밖에 없었다.

훅과 중력에 관한 편지를 주고받던 뉴턴은 이 문제를 해결하려면 그때까지 없던 새로운 수학 체계를 세워야 한다는 것을 깨달았다. 그래서 발명한 것이 미적분법이다. 고등학생이라면 누구나 배워야 하지만, 아무도 배우고 싶지 않은 미적분법! 그러나 사실 우리가 지금 배우고 있는 미적분은 독일의 수학자 라이프니츠가 발명하고 개발한 것이다.

지구에서는 거의 같은 시기, 아무런 연락을 주고받지 않은 상태에서 똑같은 생각을 하는 사람들이 있기 마련이다. 뉴턴과 라이프니츠가 그랬다. 그리고 똑같이 미적분법을 개발했지만 뉴턴과 라이프니츠는 아주 다른 길을 걸었다. 뉴턴은 가능한 한 가장 어려운 방법으로 미적분을 설명해 어느 누구도 그것을 사용하지 못하도록 했다. 반면, 라이프니츠는 가능한 한 가장 쉬운 방법으로 미적분을 설명했고, 그의 제자들은 누구나 그 미적분법을 자신의 연구에 끌어다 쓸 수 있었다. 대표적인 예로 라이프니츠의 미적분법을 유체역학에 접목해 베르누이 방정식을 유도한 자코브 베르누이를 들 수 있다.

과학자들이 미적분을 쓸 수 없었다면 과학은 오늘날과 같은 모습을 가질 수 없었을 것이다. 뉴턴의 미적분보다 사용하기 쉬운 라이프니츠의 미적분 덕분에 독일은 과학 강국의 자리를 이어받을 수 있었다. 반면, 영국은 뉴턴 뒤로는 과학 분야에서 이렇다 할 학자나 업적이 나오지 못하고 유럽의 다른 나라에 견주어 100년 가까이 뒤처졌다. 갈릴레이가 이탈리아어로 쉽게 쓴 《새로운 두 과학에 대한 논의와 수학적 논증》이 모국에서 금서가 되는 바람에 이탈리아가 과학 분야에서 뒤처지지 않았던가. 어느 때나 전문가 혹은 전문가 집단이 사람들 속으로 파고들지 않고 폐쇄되어 있다면 그 집단이 속한 사회는 뒤처질 수밖에 없다는 사실을 보여 주는 좋은 예다.

다시 뉴턴과 핼리의 이야기로 돌아와 보자. 핼리는 뉴턴을 계속 부추겨 역제곱의 법칙을 자세히 설명한 논문을 쓰도록 했다. 그리고 그것은 1684년 12월에 9쪽짜리 논문으로 나왔다. 핼리는 이것을 책으로 엮도록 뉴턴을 지속적으로 구슬렸다. 뉴턴은 물리학의 토대를 마련할 《자연철학의 수학적 원리(Philosophiae Naturalis Principia Mathematica)》, 곧 《프린키피아(Principia)》로 알려질 세 권짜리 책을 쓰는 작업에 들어갔다. 처음에는 왕립학회에서 돈을 대 이 책을 출판해 주기로 했다. 그러나 왕립학회에서는 바로 전에 출판한 《어류의 역사(De Historia Piscium)》가 팔리지 않아 또 다른 책을 낼 형편이 못되었다. 결국 핼리는 재산을 털어 뉴턴의 책을 펴내기로 하고 뉴턴이 저술 작업에 몰두하도록 했다.

훅은 왕립학회 회원으로서 뉴턴의 원고를 미리 볼 수 있는 권한이 있었다. 그런데 뉴턴의 원고에는 지난날 중력의 개념과 역제곱의 법칙에 관해 훅과 토론한 내용이 들어 있지 않았다. 훅이 이에 대해 학회에서 불평을 늘어놓자 뉴턴은 책을 내지 않겠다고 떼를 썼고 핼리는 그것을 구슬리느라 또 한 번 진땀을 흘려야 했다. 이런 일이 있은 뒤 모든 사람에게 적대적이던 뉴턴은 훅의 주장을 참고한 부분을 모조리 삭제한 뒤 원고를 인쇄소에

넘겼다. 그래서 《프린키피아》에는 중력에 관해 핵심적 개념을 끌어낸 훅의 존재가 흔적도 없다. 그리고 1687년 핼리가 사재를 털어 인쇄비를 댄 《프린키피아》가 드디어 세상에 나왔다.

사실 《프린키피아》를 출판하던 때에 뉴턴은 물리와 중력에 관한 연구를 하고 있지 않았다. 그는 그보다 20년 전 20대의 젊은 나이에 이 책에 나온 기본 개념들을 어렴풋이 완성했고, 30대에는 이미 자연철학에 관한 관심과 애정이 식은 상태였으며, 40대에는 연금술에 빠져들기 시작했다. 그가 만약 핼리를 만나지 않았다면, 더 거슬러 올라가 훅과 렌과 핼리가 내기를 하지 않았다면, 《프린키피아》는 지금과는 전혀 다른 모습이거나 어쩌면 세상에 나오지 않았을지도 모른다.

아무튼 뉴턴은 《프린키피아》를 출판한 뒤 한층 자신감이 올라가 정계 인사들과 친분을 맺으며 지내다, 연금술에 일가견이 있는 학자로서 금속을 다루는 일을 하는 조폐국의 2인자가 되었다. 이 일은 과학과는 관련이 없고, 뉴턴은 화폐 위조범들을 검거해 잔인하게 고문하고 교수형을 내리는 일을 눈 하나 깜짝하지 않고 직접 주도했다. 그 공로로 1699년 조폐국 국장 자리에 앉을 수 있었고 의회에 들어가 직접 정치를 할 수 있었다. 이런 과정에 앤 여왕이 뉴턴에게 기사 작위를 수여하는데, 휘그당의 당수가 뉴턴을 영입하면서 유권자들의 지지를 얻으려면 기사 작위가 필요하다고 여겨 여왕에게 추천했기 때문이다.

그렇다. 뉴턴은 과학에서 이룬 업적 때문에 작위를 받은 것이 아니라 정치적 이유로 작위를 받았다. 앤 여왕은 뉴턴이 27년 전 《프린키피아》라는 책을 냈는지에 대해 전혀 관심이 없었다.

1703년 3월 왕립학회 회장직을 맡던 훅이 죽자 뉴턴은 기다렸다는 듯이 그 자리를 이어받으며 슬그머니 정치에서 물러났다. 뉴턴은 훅이 왕립학회에 몸을 담고 있던 기간 내내 과학계와 일정한 거리를 두고 지내다 그가 죽자마자 다시 나타난 것이다. 그리고 이듬해인 1704년에 기다렸다는 듯이 《광학(Opticks)》을 출판했다. 이 책의 내용은 훅과 설전을 벌이던 30여 년 전 이미 완성되어 있었으나 뉴턴은 출판하지 않고 때가 오기를 기다렸다. 훅이 사라져야 자신의 연구 내용에 토를 달 사람이 없어지는 것은 물론이고 광학에 관한 모든 성과가 온전히 자신의 공으로 돌아오기 때문이었다. 훅은 살아생전에 그 책을 볼 수 없었으므로 뉴턴의 책에 대해 불만을 표시할 수 없었다.

왕립학회 회장이 된 뉴턴은 훅의 모든 흔적을 없애는 데 힘을 쏟았다. 학회 내에 훅이 남긴 논문을 모조리 불태웠고, 훅이 제작한 현미경과 훅의 초상화는 어찌 된 일인지 왕립학회가 이사하는 과정에서 감쪽같이 사라지고 말았다. 그런 까닭에 우리는 그의 현미경을 그림으로만 볼 수 있을 뿐이고 변변한 초상화 한 점 볼 수 없다. 뉴턴이 이렇게 집요하게 훅의 흔적을 지우려 고 애썼다는 것은 훅이 그만큼 훌륭한 학자였다는 것을 반증하 는 것은 아닐지. 공포 영화에나 나올 것 같은 이런 복수극의 결 과, '훅의 고리'는 훗날 사람들에게 '뉴턴의 고리'라고 알려지게 되었다.

8

고전이 된 프린키피아, 세상을 '아름답게' 정리하다

책이 나오는 과정이야 어찌 되었든 《프린키피아》가 과학자들에게 대환영을 받은 것은 이 세상이 증명이 필요 없는 기본적인 원리로 작동하고 있으며, 우리 인간들이 그 원리를 이해하는 데 아무런 어려움이 없다는 사실이 밝혀졌기 때문이다. 이 세상은 신들의 장난감이 아니었던 것이다. 훅에게는 없으나 뉴턴에게는 있었던 수학적 재능, 뉴턴은 그 수학적 재능 덕분에 만물을 통합하는 법칙을 만들어 낼 수 있었다.

《프린키피아》는 모두 세 권으로 이루어져 있다. 이 중 제3권은 가장 읽기 쉽고 재미있는 책으로 행성들과 위성들의 운동, 밀물과 썰물, 달의 운동, 혜성의 운동과 함께 태양계의 구조에 관해 설명하고 있다. 이 책에 담긴 내용은 뉴턴 뒤에 등장하는 후배 과학자들에게 수많은 영감을 불어넣었다. 또 지구가 더는 우주의 중심으로 자리매김할 수 없음을 확실히 알려 주었다.

한편 제1권에는 과학 교과서에 늘 등장하는 뉴턴의 운동 법칙들이 수록되어 있다. 뉴턴의 제1법칙인 '관성의 법칙', 제2법칙인 '힘과 가속도의 법칙', 제3법칙인 '작용 반작용의 법칙'이 '공리(운동 법칙)'라는 제목 아래 설명되어 있다. 공리란 가장 기본적인 원리로, 누구나 그 특성을 받아들이고 있거나 받아들일 만하다고 인정해 증명하지 않아도 되는 원리다. 예를 들어, 1+1=2 같은 것은 누구나 다 알면서도 증명하기는 곤란하다. 뉴턴의 세 가지 법칙을 공리로 정했다는 것은 그것이 우주 만물의 운동 법칙이니 이 법칙들이 왜 그렇게 작동하는지에 대해서는 묻지도 따지지도 말고 그냥 가져다 써라, 그런 뜻이다.

오늘날 물리학자 대부분은 《프린키피아》를 성스럽게 여기지만, 학생들은 찢어 버리고 싶은 책 순위 1위에 올려놓을지도 모른다. 제1권 서두에는 에드먼드 핼리가 쓴 〈아이작 뉴턴〉이라는 시가 있는데, 어찌나 찬양 조로 썼는지 그 시를 읽은 사람이라면 누구나 손발이 오그라드는 것을 참을 수 없을 것이다.

제2권은 제1권에 나오는 운동 법칙을 좀 더 일반화한 것으로 '속력에 비례해서 저항을 받는 물체의 움직임'과 '속력의 제곱에 비례해서 저항을 받는 물체의 움직임'같이 세부적인 문제들을 아주 복잡한 기하학으로 풀어 놓고 있는데, 저항을 받으며 운동하는 거의 모든 경우에 대해 묻고 답하는 형식으로 쓰여 있다. 오늘날 중등 교육과정을 거친 학생들이 《프린키피아》 원문을 읽으려는 야망을 품고 제1권과 제2권을 집어 들었다면 곧 절망하고 말 것이다. 여기에 나온 기하학들을 그대로 따라가려면 엄청난 인내심이 필요하기 때문이다.

그럼, 여기서 우리를 괴롭히는 뉴턴의 운동 법칙에 대해 잠시 짚고 넘어가자. 싫지만 어쩌겠는가. 오늘날 과학이 뉴턴이 정리해 놓은 이 법칙들을 딛고 올라섰으니, 예의상 한번 살펴보자.

뉴턴의 운동 제1법칙은 '관성의 법칙'이다. 이것은 갈릴레이의 비탈면을 내려갔다 다시 올라오는 공에 대한 사고 실험에서 가져온 개념이다. 이 사고 실험에서 갈릴레이는 내려가는 비탈은 그대로 두고 올라오는 비탈을 기울기 없이 유지하면 비탈을 굴러 내려간 공은 평평한 면을 따라 영원히 굴러갈 것이라고 생각했다. 뉴턴의 관성의 법칙은 바로 이것을 정리한 것이다.

"물체에 어떤 힘이 가해지지 않으면 정지해 있는 물체는 계속 정지해 있고 운동하는 물체는 직선을 따라 계속 등속도 운동을 한다."

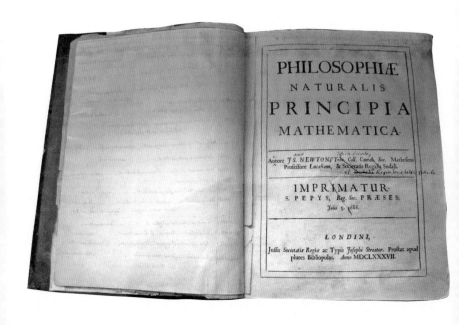

프린키피아

《프린키피아》는 모두 세 권으로 이루어져 있다. 제1권에는 운동의 세 가지 법칙·구심력의 개념·케플러 경험 법칙의 수학적 증명 등이 담겨 있고, 제2권은 저항이 있는 상태의 운동을 다루며, 제3권은 자연에서 벌어지는 다양한 현상을 만유인력으로 설명한다. 사진은 《프린키피아》 초판본으로, 2판 출간을 위해 뉴턴이 메모한 흔적이 남아 있다.

이런 상태를 가장 잘 설명해 주는 예는 우주를 여행하는 우주선이다. 1970년대에 지구를 떠난 보이저호와 파이어니어호는 40년이 지난 지금까지 태양계를 넘어 우주를 항해하고 있다. 이 우주선이 지구에서 벗어날 때는 추진력을 가진 발사체 덕분에 날아올랐지만 거의 진공에 가까운 우주에 던져진 다음에는 그 속력 그대로 계속 전진만 하고 있다. 물론 목성이나 토성처럼 질량이 큰 행성 근처를 지나갈 때는 행성의 중력에 따라 경로가 휘거나 속력의 변화가 나타날 수 있지만, 그 영향권을 지나가면 그 순간의 속력과 방향으로 계속 여행을 한다.

오락실이나 놀이공원에서 볼 수 있는 에어 테이블 축구도 관성의 법칙을 이해하는 좋은 도구가 될 수 있다. 테이블에는 아주 작은 구멍이 무수히 나 있고 그 구멍으로 바람이 나온다. 테이블에는 납작하고 둥근 접시 모양 퍽이 있는데, 이것은 테이블에서 끊임없이 솟아나는 공기 때문에 공중에 살짝 떠 있다. 퍽은 테이블에 직접 닿지 않아 마찰이 없기 때문에 살짝 쳐 주면 그 방향 그 속력 그대로 직선으로 나아간다. 그래서 테이블 난간에 부딪히거나 누가 잡아서 멈추기 전까지 하던 대로 운동한다.

관성의 법칙이 중요한 것은 움직이는 물체를 완전히 새로운 시각에서 보기 때문이다. 그동안 사람들은 어떤 물체가 느리게라도 움직이게 하려면 계속 밀거나 당기는 힘을 주어야 한다고 생각했다. 사실 이런 생각은 일상생활에서는 지극히 정상적이다. 대형 슈퍼마켓에 있는 커다란 장바구니 손수레를 생각해 보자. 물건을 가득 실은 손수레를 계산대까지 가지고 가려면 계속 밀어야 한다. 과학 시간에 배운 관성이고 뭐고 손수레가 무거울수록 더 큰 힘으로 계속 밀어야 한다. 밀기를 멈추는 순간 손수레도 멈춘다. 이 손수레는 관성의 법칙이 적용하지 않는 것일까?

슈퍼마켓의 손수레도 관성의 법칙을 따른다. 이 손수레가 관성의 법칙을 따르지 않는 듯 보이는 것은 바닥에 있는 보이지 않는 홈과 수레바퀴에 난 홈이 매끄럽게 움직이는 것을 방해하기 때문이고, 손수레와 계산대 사이를 메우고 있는 공기가 손수레가 전진하려는 것을 방해하기 때문이다. 이렇게 운동을 방해하는 힘을 마찰력이라고 하는데, 우리가 사는 세계는 마찰력을 일으킬 소지가 많다. 만약 우주 공간에 대형 슈퍼마켓이 있다면 손수레를 계산대까지 옮기려고 손잡이를 잡고 계속 밀지 않아도 된다. 인간이 관성의 법칙을 좀 더 빨리 깨치지 못한 이유는 우리가 살고 있는 세상에 마찰이 너무나도 많아서다.

갈릴레이와 뉴턴은 지상에 있는 불필요한 마찰력을 모두 걷어 내고 오로지 운동하는 물체만 있는 환경을 생각해 냈다. 그리고 만약 그런 일이 있을 수 있다면 한번 움직인 물체는 영원히 그 속도로 움직이며 정지해 있는 물체는 누가 그 물체를 건드리지 않는 이상, 즉 그 물체에 힘을 주지 않는 한 영원히 그대로 있을 것이라는 획기적인 생각을 한 것이다.

관성이라는 개념이 중요한 또 한 가지 이유는 여기에서 질량이라는 물리량이 나온다는 사실이다. 물건을 가득 실은 슈퍼마켓 손수레를 다시 떠올려 보자. 그리고 이 손수레가 우주 공간에 있다고 상상해 보자. 아무리 무거운 손수레라도 우주 공간에 있다면 손가락 하나만으로 가볍게 밀 수 있다고 생각하기 쉽다. 그러나 현실은 다르다. 종이로 만든 가짜 손수레라면 가능하겠지만 물건이 담긴 무거운 손수레는 그렇지 않다. 아무리 우주 공간이라도 멈춰 있는 무거운 손수레를 움직이게 하려면 많은 힘이 필요하다. 이와 반대로, 가벼운 손수레는 힘을 조금만 줘도 움직인다. 멈춰 있는 것을 움직이거나 움직이고 있는 것을 멈추려고 할 때 힘이 많이 들수록 관성이 크다고 한다. 그 관성의 크기가 바로 질량이다. 물체마다 운동을 시키거나 멈추게 하는 힘은 다르다. 다시 말해, 관성의 크기가 모두 다르다. 즉 질량이 다르다.

질량은 크기와는 상관이 없고, 그 물체를 이루고 있는 원자의 종류와 개수에 따라 정해진다. 질량은 우주 어디에서도 변하지 않는 고유한 값이다. 질량은 무게와 다르다. 그렇다면 무엇이

다른 것일까?

지구에서 60kg인 사람이 달에 가면 10kg이 된다. 이것은 달의 중력이 지구의 6분의 1이기 때문이다. 그렇다고 그 사람이 6분의 1로 줄어든 것이 아니다. 그 사람을 이루고 있는 원자의 개수가 줄어든 것도 아니다. 그러니 그 사람의 질량은 변하지 않고 그대로다. 다만 저울을 들고 지구에서 달로, 중력의 세기가 6분의 1인 곳으로 갔을 뿐이다. 곧 무게란, 그 사람에게 작용하는 중력의 세기라고 할 수 있다.

과학자들은 무게를 그 물체에 작용하는 중력의 세기라고 정하고, 무게의 단위를 N(뉴턴)이라고 쓴다. 질량이 1kg인 물체의 무게는 지구에서 9.8N이다. 우리가 질량과 무게를 헷갈리는 것은 생활에서 쓰는 단위와 과학에서 쓰는 단위가 마구 혼동되기 때문이다. 만약 건강검진에서 몸무게가 60kg이라고 나왔다면 그 사람의 몸무게는 60×9.8, 곧 588N이라고 말해야 옳고 그 사람의 질량이 60kg이라고 해야 옳다. 그 사람의 질량 60kg은 우주 어디를 가도 변하지 않지만 몸무게 588N은 가는 행성마다 그 행성의 중력값에 따라 차이가 난다.

이런 이유로 태양이나 목성, 토성 같은 천체에 대해서는 무게라는 말 대신 질량이라는 말을 쓴다. 달에서 잰 목성의 무게나 지구에서 잰 목성의 무게 등은 거의 쓸 일이 없기 때문이다. 자,

우리가 관성에서 시작해서 무게라는 개념까지 왔다는 점을 잊지 말자.

뉴턴의 두 번째 법칙은 힘과 가속도에 관한 것이다. 가속도란 운동이 얼마나 빨리 변하는가를 나타내는 말이다. 다시 말해, 속도가 변한 경우는 반드시 가속도가 있다. 버스가 나를 태우고 문을 닫은 뒤 출발하면 내 몸은 뒤로 기운다. 운전사가 오른발에 힘을 주어 액셀을 밟는 동안 버스의 속력이 빨라진다. 이것이 가속도가 있는 경우다. 반대로, 운전사가 브레이크를 밟으면 차의 속력이 떨어져 결국 멈춘다. 이것도 가속도가 있는 경우다. 도로에 차가 적으면 운전사는 시속 60km로 기분 좋게 달릴 수 있다. 속도 변화가 없는 이런 주행에서 가속도는 0이다.

자, 그럼 무엇이 가속도가 생기도록 할까? 속도가 변하도록 만드는 것은 힘이다. 교과서에 나오는 말을 인용하면 이렇게 설명된다. 정지해 있는 물체에 힘을 가하면, 다시 말해, 식탁 위에 있는 컵을 손으로 밀어 움직이게 하면 그 순간 가속도가 생긴다.

만약 컵이 크고 무겁다면 그 컵을 움직이는 데 더 많은 힘이 들 것이다. 거기에 방금 엄마에게 성적이 떨어졌다고 혼이 났다면 더 세게 컵을 밀 것이다. 이로부터 알 수 있는 물리적인 사실은 가속도는 힘이 커질수록 커지고, 같은 힘이 작용한다면 질량이 가벼울수록 가속도가 커진다는 점이다. 좀 더 전문적인 말을 쓰자면, 가속도는 힘에 비례하고 질량에 반비례한다. 이것이 뉴턴의 운동 제2법칙이다.

뉴턴의 세 번째 법칙은 작용과 반작용에 관한 것이다. 어떤 물체에 힘을 가하는 것이 작용이고, 그 순간 물체가 정확히 같은 세기의 힘으로 반대 방향으로 저절로 가해지는 것이 반작용이다. 작용과 반작용은 동시에 일어나고, 두 물체가 접촉할 경우 같은 점에서 일어나며 힘의 크기도 같다. 다만 방향이 $180°$로 완전히 반대일 뿐이다. 수영 선수가 출발 신호와 함께 발로 출발대를 밀면 작용이 가해지는데, 출발대는 움직이지 않고 오히려 선수의 발을 반대 방향으로 미는 반작용 효과가 나타나 수영 선수가 성공적으로 물로 들어갈 수 있다. 놀이공원에서 인형을 쏘아 맞히는 사격 놀이를 해 본 사람이라면 작용과 반작용에 대해 알 수 있다. 총을 쏘면 총알이 앞으로 튀어나감과 동시에 총을 들고 있는 내가 뒤로 튕겨지는 것을 느낀다. 세상 모든 것에는 작용하는 힘과 그 반대 방향으로 작용하는 반작용이 있다. 이것은 동전의 앞뒤와 같이 늘 공존하고 빛과 그림자처럼 떼어 놓고 생각할 수 없다. 작용과 반작용, 이것이 뉴턴의 운동 제3법칙이다.

고전물리학 책에 나오는 이 법칙들은 사물과 천체가 어떤 원리로 움직이는지를 깔끔하게 설명해 준다. 과학자들의 꿈은 복잡하고 어지러운 현상을 깔끔하고 간단한 방정식으로 만드는 것이다. 특히 물리학자들은 이런 일이 이루어졌을 때 '아름답다'는 말을 쓴다. 그들의 생각으로는 뉴턴의 법칙들이 세상에서 가장 아름다운 것이다. 여기서 우리가 늘 쓰는 단어와 물리학에서 쓰는 단어가 철자는 같아도 뜻은 같지 않았다는 것을 다시 떠올릴 필요가 있다.

이제 《프린키피아》 제3권으로 훌쩍 뛰어넘어 책에 쓰여 있는 말을 인용해 보자.

"행성들의 힘을 서로 비교해 보았더니, 태양을 향한 구심력은 행성들을 향한 구심력에 비해 1000배 이상임을 앞에서 보았다. 태양을 향한 힘이 이렇게 엄청나니까, 태양계의 한계 안에 있는 물체들은 물론이고 그 훨씬 바깥에 있는 물체들도 태양을 향해 똑바로 떨어져야 한다. 이들을 다른 방향으로 던지는 힘이 없다면 말이다. 우리 지구도 이런 물체일 뿐 예외가 될 수 없다."

뉴턴의 업적은, 중력을 우리 눈에 보이는 수치와 방정식으로 보여 주고, 그것을 바탕으로 태양계의 모습을 구현하고, 그 속에서 지구의 위치가 어디쯤인가를 확실히 밝혔다는 점이다.

이로써 지구인들은 태양계에서 자신이 어디쯤에 있는가를 밝혀내고 이 지구를 포함한 천체들이 어떤 원리로 움직이는가에 대해 한 층 더 실질적인 답을 얻을 수 있게 되었다.

중력의 구현! 이것은 우리가 어디에 있는가를 알아내는 데 꼭 필요한 계단 한 칸이었다. 이 계단 한 칸 덕에 이것을 딛고 아인슈타인과 현대 과학자들이 우주 작동의 원리를 더욱 자세히 캘 수 있었다. 그리고 뉴턴의 모든 기행과 악행은 이 계단이 만든 그림자 속에 들어가 억지로 들여다보지 않는 한 알아보기 힘들게 되었다.

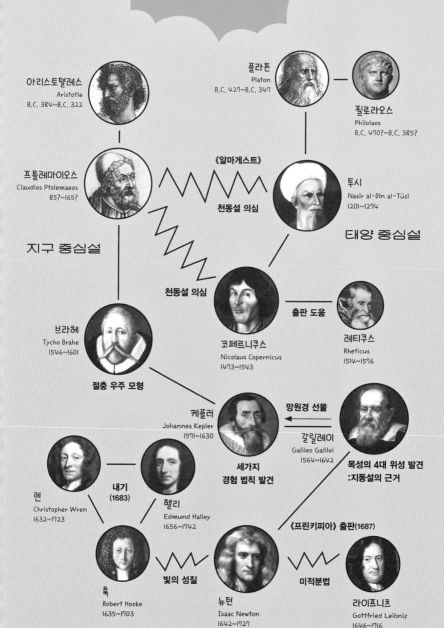

지구의 위치를 찾아라!

아리스토텔레스
Aristotle
B.C. 384~B.C. 322

플라톤
Platon
B.C. 427~B.C. 347

필로라오스
Philolaos
B.C. 470?~B.C. 385?

프톨레마이오스
Claudios Ptolemaeos
85?~165?

《알마게스트》

천동설 의심

투시
Nasîr al-Dîn al-Tûsî
1201~1274

지구 중심설

태양 중심설

천동설 의심

브라헤
Tycho Brahe
1546~1601

코페르니쿠스
Nicolaus Copernicus
1473~1543

출판 도움

레티쿠스
Rheticus
1514~1576

절충 우주 모형

케플러
Johannes Kepler
1571~1630

망원경 선물

갈릴레이
Galileo Galilei
1564~1642

렌
Christopher Wren
1632~1723

내기
(1683)

핼리
Edmund Halley
1656~1742

세가지
경험 법칙 발견

목성의 4대 위성 발견
:지동설의 근거

《프린키피아》 출판(1687)

훅
Robert Hooke
1635~1703

빛의 성질

뉴턴
Isaac Newton
1642~1727

미적분법

라이프니츠
Gottfried Leibniz
1646~1716

2부

지구는

몇 살일까?

지구가 우주의 중심이 아니고 인간이 우주의 주인이 아니라는 것이 명백히 밝혀졌다. 여전히 많은 사람이 이런 사실을 부정했지만, 학계에서는 과학과 신학을 전혀 다른 영역으로 보기 시작했다.

하늘에 대한 호기심이 어느 정도 풀리자 사람들의 관심은 지구로 다시 돌아왔다. 때마침 유럽 사회는 식민지를 찾아 항해하는 것이 유행처럼 퍼져, 선주민이 잘 살고 있던 땅에 마음대로 들어가 재산을 빼앗는 것은 물론이고 동식물까지 잡아 배에 싣고 돌아왔다. 탐험을 떠났던 배들이 돌아올 때마다 유럽 사람들은 들어 보지도 못한 새로운 풍물과 신기하기 이를 데 없는 동식물에 눈이 돌아갈 지경이었다.

또 한편에서는 유럽이 아닌 지역을 알게 되면서 커진 자연에 대한 호기심을 바탕으로 박물학자와 지질학자 들이 지구의 진정한 나이를 찾으려고 했다. 지구의 자연이 오늘날과 같은 모습을 갖추기에 대주교가 《성경》을 근거로 주장하는 6000년이라는 시간은 턱없이 부족했기 때문이다. 이제 지구의 생일을 찾으려고 동분서주하는 과학자들의 이야기를 들어 보자.

9

의리파 레이,
화석을 보고
의문을 품다

핼리가 뉴턴을 부추겨 《프린키피아》를 출판하려고 할 때 왕립학회에서는 《어류의 역사》라는 책을 출판해 아주 고생하고 있었다. 이 책이 너무 안 팔려 왕립학회 재정에 구멍이 뚫렸기 때문이다. 잘나가던 뉴턴의 책을 출판하는 데 돈을 댈 수 없을 정도였으니, 정말 큰 구멍이었다.

1686년에 출판된 《어류의 역사》는 저자가 프랜시스 윌러비로 되어 있으나, 그는 그보다 14년 전에 37세라는 젊은 나이로 이미 세상을 떠났다. 그러므로 《어류의 역사》를 출판한 사람은 윌러비가 될 수 없었고, 이 책의 실제 지은이도 윌러비가 아니라

세상과 나를 잇는 새로운 생각, 휴머니스트 청소년문고 곰곰

gomgom.me에서 수업 자료를 다운받으세요!

주소창에 곰곰문고 또는 gomgom.me를 입력해 보세요.
한 학기 한 권 읽기 수업에 활용할 수 있는 활동지는 물론
수업에 도움이 될 영상 자료까지 만나실 수 있습니다.

더 새로운 곰곰문고가 찾아옵니다!

이제는 고래의 흔적을 찾을 수 없는 외딴섬. 유능한 해커인 주인공 소녀 아비가 인공지능 로봇과 함께 고래를 구하기 위한 흥미진진한 모험을 시작합니다. 여러 세대에 걸쳐 인간과 바다가 어떻게 공존해 왔는지 살펴보면서 기술이 더 나은 세상을 만드는 데 어떤 역할을 할 수 있는지, 지금 우리가 할 수 있는 일은 무엇인지 생각해 볼 수 있을 거예요!

#SF #멸종위기 #인공지능

지구에 해가 되고 싶지 않은 청소년을 위한 진로 교양서가 곧 출간됩니다. 기후위기와 환경 문제에 진심이지만, 그것을 어떻게 '나의 일'과 연결할 수 있을지 고민이라면? 기자, 디자이너, 변호사, IT 기업 창립자 등 다양한 분야에서 활약하고 있는 '지구를 생각하는 직업인'의 이야기에서 힌트를 얻어 봅시다.

#기후위기 #탄소중립 #그린일자리

주소 서울시 마포구 동교로 23길 76   전화 02-335-4422   팩스 02-334-3427

진로를 고민하는 청소년들, 여기 주목!

열두 명의 직업인이 언젠가 일터의 동료가 될 청소년에게 들려주는 다정하고 생생한 일 이야기. 데이터과학자, 임상심리학자, 동물트레이너, 플로리스트… 최신 과학 기술을 이용하는 일부터 콘텐츠를 기획하는 일까지, 다양한 사람을 연결하는 일부터 손과 발을 움직여 나만의 노하우를 쌓는 일까지 모두 만날 수 있다.

내일은 내 일이 가까워질거야

김시원 외 지음 | 236쪽 | 16,700원

용감하고 명랑한 청각장애 소녀 메리의 모험

농인 작가가 실존했던 미국의 농공동체에 영감을 받아 쓴 역사소설로, 청각장애 소녀 메리의 용기 있는 모험을 다루는 성장소설이기도 하다. 장애인에 대한 차별과 편견에 맞서 자기 자신과 이웃의 존엄을 지키기 위해 분투하는 메리의 여정은 우정, 사랑, 연대의 가치를 일깨운다.

너의 목소리를 보여 줘 1, 2

앤 클레어 르조트 지음 | 조응주 옮김 | 320쪽 내외 | 각 16,000원

슈나이더 패밀리 도서상 수상 | 뉴욕·시카고 공공도서관 올해의 책 | 영화감독 이길보라, 아동문학평론가 김지은 추천

#청각장애 #농문화 #비장애중심주의 #인종 #교차성 #가족 #우정

휴머니스트 청소년문고 곰곰

쇼핑의 미래는 누가 디자인할까? 10대가 알아야 할 마케팅의 모든 것!

황지영 지음 | 180쪽 | 14,000원

★ 한국출판문화산업진흥원 청소년 추천도서 ★ 학교도서관저널 추천도서

수학이 풀리는 수학사 1~3

김리나 지음 | 150쪽 내외 | 12,000~13,000원

★ 한국출판문화산업진흥원 청소년 북토큰 선정도서 ★ 한우리 필독서

지금은 살림력을 키울 시간입니다 나를 정성스럽게 돌보고 대접하는 힘

금정연 외 지음 | 164쪽 | 13,000원

★ (사)행복한아침독서 추천도서 ★ 책씨앗 추천도서

일하는 삶이 궁금한 너에게 지금 생각해야 할 진로만큼 중요한 노동 이야기

김동희·서재민 지음 | 200쪽 | 13,500원

★ 대한출판문화협회 올해의 청소년 교양도서 ★ 학교도서관저널 추천도서

내 손으로 만드는 내 삶을 위한 정치 청소년을 위한 대한민국 정치 사용 설명서

박선민 지음 | 208쪽 | 13,500원

★ (사)행복한아침독서 추천도서

진료실에 숨은 의학의 역사 메스, 백신, 마취제에 담긴 의학사

박지욱 지음 | 272쪽 | 14,000원

★ 학교도서관저널 추천도서 ★ (사)행복한아침독서 추천도서

금융 프렌즈가 우릴 기다려 돈을 '벌고, 모으고, 쓰는' 나에게 힘이 될 경제 이야기

이현 지음 | 212쪽 | 13,500원

★ 한국출판문화산업진흥원 추천도서

미술관에 가고 싶어지는 미술책 탄탄한 그림 감상의 길잡이

김영숙 지음 | 200쪽 | 14,000원

★ 문화체육관광부 교양도서 ★ (사)행복한아침독서 추천도서

미술관에서 읽는 서양 미술사 똑똑한 그림 이해의 길잡이

김영숙 지음 | 312쪽 | 16,500원

신종 감염병 시대, 비인간 동물과의 공존 이야기

국립야생동물질병관리원, 서울대학교 수의과대학교, 곰 보금자리 프로젝트 등 다양한 현장의 수의사들이 들려주는 비인간 동물과의 공존 이야기. 생물다양성과 인간, 신종감염병의 원인, 인간과 반려동물의 관계, 동물복지, 동물보호운동 등 다른 존재와 공존하는 삶에 대한 성찰을 전한다.

동물이 건강해야 나도 건강하다고요?

이항·천명선·최태규·황주선 지음 | 200쪽 | 13,500원

국립어린이청소년도서관 사서추천도서 | 학교도서관저널 추천도서
(사)행복한아침독서 추천도서 | 책씨앗 추천도서
교보문고 청소년 선정도서 | 인디고서원 추천도서

#동물복지 #동물권 #동물실험 #동물원 #인수공통감염병 #원헬스

기후위기 시대, 우리는 무엇을 입고 먹고 탈까?

환경운동가, 에너지정책 연구자가 전하는 정의로운 탄소중립 이야기. 먹거리, 패션, 교통, 도시와 건물, 산업 등 우리 생활을 다섯 가지 분야로 나누어 각각이 기후변화에 얼마나 영향을 끼치고 있는지, 앞으로 우리 삶에 어떤 변화가 필요한지 살펴본다.

오늘부터 시작하는 탄소중립

권승문·김세영 지음 | 236쪽 | 14,000원

학교도서관저널 추천도서 | (사)한국학교사서협회 추천도서
(사)행복한아침독서 추천도서 | 환경정의 올해의 청소년 환경책

#탄소중립 #정의로운전환 #기후위기 #지속가능한발전 #그린뉴딜 #공존

Z세대를 위한
지금 여기의 교양!

세종도서
교양부문
선정도서

한국출판문화
산업진흥원
청소년 추천도서

대한출판문화협회
올해의
청소년도서

국립어린이
청소년도서관
사서 추천도서

학교도서관저널
추천도서

곰곰

존 레이다. 이 책에 어떤 이야기가 숨어 있는 것일까?

생물학계에서 레이의 위치는 천문학계에서 티코 브라헤의 위치와 비슷하다. 브라헤가 조수들과 함께 첨단 장비로 온 하늘에 있는 별들의 위치를 정확하게 표시한 성도를 만들고 행성의 궤적을 관측해 방대한 자료를 남긴 것처럼, 레이는 유럽에 살고 있는 동식물을 채집해서 풍부하고 방대한 자료를 구축했다. 브라헤의 자료 덕분에 케플러가 행성의 운행에 관한 세 가지 경험법칙을 찾았듯이 레이의 자료 덕분에 다음 세대 과학자들이 생물 분류에 관한 작업을 꽃피울 수 있었다.

레이는 귀족도 부자도 아닌 대장장이의 아들로 태어났지만 뛰어난 지적 능력을 타고난 덕에 어릴 때부터 눈에 띄었다. 다행히 주변에는 그가 능력을 키울 수 있도록 애써 주는 사람들이 있어서 장학금을 비롯한 다양한 도움을 받으며 케임브리지에 있는 트리니티 칼리지의 장학생이 되었고 무사히 졸업할 수 있었다. 트리니티의 특별 연구원이 된 레이는 그곳에서 학생들을 가르쳤는데, 그가 가장 관심을 둔 분야는 식물학이었다.

산과 들에 있는 나무와 풀과 꽃 들은 형태가 매우 다양해서 다 다른 것 같지만 어떤 것들은 속성이 같고, 또 어떤 것들은 비슷해 보이면서도 미묘한 차이가 있었다. 레이는 고양이와 개를 다른 동물로 분류하는 것처럼 비슷해 보이는 식물도 분류하는 방법이 있을 것으로 믿고 식물에 대해 가르쳐 줄 사람을 찾았지만 마땅한 사람이 없었다. 당시 영국에서는 아무도 그런 일을 하지 않았다. 레이는 이 분야가 요즘 말로 '블루오션'이라는 것을 알아차렸다. 경쟁자가 없는 새 분야에서 할 일이 많았다.

그는 우선 알고 있는 식물에 대해 분류 체계를 만들고, 여기에 더 많은 자료를 덧붙여야겠다고 결심했다. 그러자면 온 나라를 발로 뛰며 자료를 수집하는 길밖에 없었다. 천문학자가 하늘을 관측하듯이 식물학자는 식물을 찾아 여행을 떠나야 한다는 것이 레이의 믿음이었다. 레이는 대학에 광고를 내 이 작업에 무급으로 참여할 학생들을 모집했다. 이때 레이 앞에 나타난 사람이 프랜시스 윌러비다.

윌러비는 레이보다 여덟 살 어린 트리니티 칼리지의 학생이었다. 무엇보다 매력적인 것은 윌러비가 돈 많은 귀족의 자제였다는 점이다. 태어나서 한 번도 돈 걱정을 하지 않았고 품격 있는 귀족 출신이며 머리까지 좋은 윌러비는 특히 동물에 관심이 많았다. 그런 그가 레이의 작업에 커다란 흥미를 느낀 것은 당연하다. 윌러비는 즉시 레이를 중심으로 형성된 박물학자 모임에 가입했다. 레이와 윌러비는 뜻을 모아 1660년에 《케임브리지 카탈로그(Cambridge Catalogue)》를 출판했는데, 이 책은 케임브리지 대학교 주변에 서식하는 식물의 종류와 형태와 특징 등을 담고 있었다. 요즘으로 치면 도감에 해당하는 책으로, 전문 지식이 없는 사람도 쉽게 볼 수 있었다. 같은 해 레이와 윌러비는 잉글랜드 북부 지역과 스코틀랜드로 답사 여행을 떠났고, 2년 뒤인 1662년에는 잉글랜드 서부 지역으로 두 번째 답사 여행을 떠났으며, 1663년에는 더욱 범위를 넓혀 배를 타고 프랑스 북부 지역과 벨기에·네덜란드·독일까지 갔다가 육로로 스위스·오스트리아·이탈리아·프랑스를 거쳐 1666년에 영국으로 돌아갔다.

이들이 안락한 연구실과 고풍스러운 박물관을 뒤로한 채 야생으로 뛰어든 것은 동식물에 관한 분류 체계를 올바로 세우려면 서식지, 습성, 생육 형태와 같이 자연 상태에서 얻은 자료가 반드시 필요하다고 보았기 때문이다. 박물관에 죽어 있는 동식물로는 생물의 세계에 대한 체계를 올바로 잡을 수 없었다. 박물학자는 현장을 뛰어다녀야 한다는 것이 이들의 신념이었다. 물론 이 신념을 실천하는 데 드는 비용은 윌러비의 몫이었고, 일을 계획하고 추진하는 것은 레이의 몫이었다.

가장 긴 세 번째 답사 여행에서 이들은 동식물 표본을 수집하고, 이 표본들의 서식지와 생활 형태에 관해 기록하는 것은 물론이고 자세한 스케치까지 하며 방대한 자료를 만들었다. 레이는 이 자료들을 바탕으로 동식물을 체계적으로 정리했다. 이것은 훗날 다윈이 한 작업과 같았다. 여기에서 굳이 다윈의 이름을 들먹이는 것은 배를 타고 다니며 동식물의 표본을 수집하는 일을 다윈이 처음 하지는 않았다는 점을 밝히고 싶어서다. 선배 학자들의 작업 덕에 지식을 얻거나 쌓고 발전시키는 방법이 누적되어 있어서 뉴턴의 작업이 한 단계 도약했듯이, 다윈의 작업이 진화를 다방면으로 증명할 수 있었던 것은 200년 앞서 이미 선배들이 배를 타고 세상을 누비며 생물을 채집해 체계를 세우는 방법을 잘 구축해 놓았기 때문이다.

레이와 윌러비가 야생의 세계에서 뛰어다니는 동안 로버트 훅은 현미경으로 본 신비한 세계를 책으로 엮은 《마이크로그라피아》를 출간했다. 레이는 이 책에 큰 감명을 받고 묘한 자극도 받았다. 그는 얼른 답사 여행에서 얻은 자료들을 책으로 엮어야겠다고 생각했다. 그러나 불행하게도 그에게는 변변한 작업실 하나 없었다.

윌러비는 레이의 경제적인 문제와 함께 생활 공간과 작업 공간에 대한 괴로움을 해결해 주었다. 그러나 이렇게 든든한 윌러비는 시름시름 앓다가 1672년에 37세라는 아까운 나이로 요절하고 만다. 레이로서는 재정적 지원군을 잃은 것도 안타까웠지만 마음이 잘 맞는 동료를 잃었다는 것이 더 가슴 아팠다. 그나마 윌러비가 레이에게 매년 일정한 돈을 주도록 상속한 것은 다행이다. 레이는 이 모든 지원에 대해 늘 고마워한 것 같다.

어류의 역사

1686년에 출간된 《어류의 역사》 속표지로, 세밀하게 묘사된 어류 그림이 인상적이다. 레이와 윌러비는 현장을 누비며 동식물 분류 체계를 만들었고, 이들의 자료 덕분에 다음 세대 과학자들이 동식물 연구를 발전시킬 수 있었다. 특히 레이는 화석을 알아차려 지구의 나이를 파악하는 데 중요한 실마리를 제공했다.

1677년에《조류학(Ornithologia)》, 1686년에는 화려한 어류의 그림 들로 가득한《어류의 역사》를 윌러비의 이름으로 출판했지만 실제로 책을 엮는 작업은 레이가 했다. 이와 아울러 자신이 가장 관심을 둔 식물에 관해 엮은《식물의 역사(Historia Plantarum)》세 권을 1686년, 1688년, 1704년에 차례로 출판했다. 뉴턴이《프린 키피아》를 출판하던 시기다.

자, 그럼 레이의 생물학에 관한 관심이 지구의 나이와 무슨 관계가 있는 것일까? 답은 이들이 수많은 답사 여행을 하면서 분명히 생물이었지만 이제는 생물이 아닌 어떤 것들의 흔적을 발견한 데서 찾을 수 있다. 바로 화석이다.

레이는 화석이 오래전 지구에 살던 동물과 식물의 잔해라 는 것을 알아차렸다. 훅과 스테노도 화석을 생물의 잔해라고 인 식했다. 이들은 화석이 어떤 식으로든 생물과 관계가 있다고 생 각했다. 그런데 돌을 생물의 흔적이라고 알아본 그들이 도저히 이해할 수 없는 것이 있었다. 당시 볼 수 없는 생물의 화석이 있 다는 것은 먼 옛날 살던 생물이 더는 존재하지 않는다는 뜻인데, 그것을 어떻게 해석해야 할지 알 수 없었던 것이다. 생물의 종이 갑자기 사라지는 멸종을 그때 사람들은 이해하지 못했다. 사실 그때나 지금이나 멸종을 향해 가는 생물이 있겠지만, 멸종이 기 나긴 시간을 두고 보았을 때 갑자기 벌어지는 것처럼 보일 뿐이지 진짜로 눈 깜짝할 사이에 벌어지는 일이 아닌지라 인간의 감각으로는 알아차리기 힘들다.

또 높은 산에서 발견되는 어류의 화석을 해석하기도 어려웠다. 상상력이 풍부한 박물학자라면 어떻게 산에 어류 화석이 올라가 앉을 수 있는지에 대한 답은 얼마든지 생각해 낼 수 있다.

산은 원래 바다 밑바닥이었다. 물고기가 죽어 바다에 떨어졌고 그 위에 육지에서 쓸려 온 갖가지 물질이 내려앉았다. 오랜 시간이 지나면서 퇴적물은 눌려 돌이 되었고 물고기 역시 그 속에서 화석으로 변했다. 그 후 원인은 알 수 없지만 바다 밑이 솟아올라 산이 되었다. 산에 있는 어류 화석에 대한 답은 이것밖에

없다.

이렇게 지극히 상식적인 시나리오가 있는데도 레이를 포함한 많은 박물학자들이 이 이론을 강하게 거부했는데, 그것은 종교적 강박 때문이었다. 당시 신학자들은《구약성서》를 바탕으로 지구의 나이를 계산했고, 1620년에는 대주교 제임스 어셔가 지구는 기원전 4004년에 생겼다고 발표했다.《성경》에 따르면 지구의 나이가 고작 5600년. 그러나 이것은 앞서 말한 지질학적 사건들이 벌어지기에 너무 짧은 시간이다. 게다가 프랑스 선교단이 중국의 역사가 그것보다 긴 것 같다는 이야기를 전하면서 어셔 대주교의 주장은 바람 앞에 등불과 다르지 않았다. 그럼에도 유럽의 신학자들과 과학자들은 이 짧은 지구의 나이를 어떻게 해서든지 합리화하려고 노력했다.

그러나 처음부터 잘못 설정된 지구의 나이에 지질학적 증거를 우겨 넣는 일이 잘 될 리 없었다. 따라서 지구의 진짜 나이를 찾아야 했다. 이 일은 영국이 아닌 스웨덴의 한 젊은이에게로 이어졌다.

10

규칙적인 분류광 린네, 지구의 나이에 관심을 갖다

　린네는 엄청 꼼꼼하고 규칙적인 사람으로 질서 정연한 것을 좋아해 무엇이든 흩어져 있는 것을 참지 못했고 깔끔한 목록을 작성하는 일에 병적으로 매달렸다. 그가 웁살라 대학 교수로 있을 때 식물학 수업을 들은 학생들은 야외 실습 기간에 린네가 정해 놓은 시간표대로 생활해야 했고 시간을 맞추기 위해 30분마다 한 번씩 울리는 종소리를 종일 듣고 살아야만 했다. 그 생활만 놓고 보자면 군대도 저리 가라 할 정도였다. 린네의 성격이 사교계에서는 그다지 환대받을 수 없어도 복잡한 생물계를 체계적으로 분류하는 일을 하기에는 더할 나위 없이 좋았다.

가난한 성직자의 아들로 태어난 린네는 여러 후원자의 도움으로 웁살라 대학에 들어가 의학을 공부했다. 의학을 공부하던 중 린네의 관심을 사로잡은 것은 식물, 특히 꽃이었다. 어린 시절부터 꽃을 즐겨 관찰하고 꽃에 대해 조예가 깊었던 린네는 의과 대학을 다닐 때도 꽃에 관해서라면 이미 너무 많이 알고 있어서 배울 것이 별로 없었다.

린네는 1717년 프랑스 식물학자 바양이 주장한 꽃의 유성생식 이론에 강하게 끌려, 꽃은 식물의 생식기관이며 식물도 암수가 구분되어 동물처럼 유성생식을 한다고 생각했다. 순수함의 상징과도 같던 꽃이 사실은 생식기관이며, 움직이지도 못하는 식물이 동물처럼 암수가 만나 자손을 만드는 유성생식을 한다는 이론은 당시에 무척이나 혁신적이고 놀라울 뿐 아니라 외설적이기까지 했다. 움직일 수 없는 식물이 유성생식을 한다면 어떻게 암수가 만나게 될지 궁금할 법도 한데 당시 사람들은 식물에 성이 있다는 주장 자체에 너무나 충격을 받아 그 과정이 어떤지에 대해서 궁리할 겨를이 없었다. 꽃에 관해서라면 열린 마음을 가진 린네조차 말이다. 식물이 곤충의 도움으로 수정을 한다는 사실은 나중에 밝혀진다. 학창 시절 린네는 꽃에 수술이 몇 개 있는지, 꽃을 피우는 부위가 어디인지에 따라 식물을 체계적으로 분류하는 방법을 만들기도 했으며 앞으로 하게 될 생물의 분류 방법에 대한 기본적인 아이디어를 구축해 나갔다.

1732년에 웁살라 과학학회는 아직 미지의 땅으로 남아 있던 스웨덴 북부 지역을 답사해 식물의 표본을 채집하고 식물의 생태를 알아내는 라플란드 답사 계획을 세우고 그 책임자로 린네를 지목했다. 1734년에는 스웨덴 중부 지역으로 답사 여행을 떠났고, 두 차례의 답사 여행 후 1735년 네덜란드에서 《자연의 체계(Systema Naturae)》를 출판했다. 그리고 이 책은 1753년에 《식물의 종(Species Plantarum)》을 출판하는 데 훌륭한 발판이 되었다. 《식물의 종》이야말로 린네를 오늘날까지 유명하게 만든 책이다. 이 책에서 린네는 지구상에 있는 모든 종의 이름을 두 단계로 표시하는 이명법을 제시했다. 1758년에 펴낸 《자연의 체계》 10판에서는 이명법을 아주 자세히 설명하고, 이를 이용해 생물의 이름을 나타냈으며 포유류·영장류·호모 사피엔스라는 용어를 정의하고 사용했다.

린네의 성격상 하나라도 흐트러져 있는 것은 용납할 수 없었기 때문에 두 단어로 한 종의 이름을 정하는 방법을 정확하게 체계적으로 정했다. 그의 철두철미한 꼼꼼함은 지금도 그가 정한 방법대로 새로 발견된 종의 이름을 정하는 것으로 충분히 증명할 수 있으며, 그동안 수많은 생물학자가 저마다 분류 방법을 제시했어도 어느 것 하나 남아 있지 않다는 사실로 또 한 번 증

Plate IV. *Simple Leaves.*

Fig. 1. Orbicular.
2. Roundish.
3. Ovate.
4. Oval.
5. Oblong.
6. Lanceolate.
7. Linear.
8. Subulate or awl-shaped.
9. Reniform or kidney shaped.
10. Cordate or heart-shaped.
11. Lunate or crescent-shaped.
12. Triangular.
13. Sagittate or arrow-shaped.
14. Heart-arrow shaped.
15. Hastate or halbert-shaped.
16. Obcordate or inversely heart-shaped.
17. 3-lobed.
18. Premorse or as if bitten.
19. Lobed.
20. 5-angled.
21. Eroded or gnawed.
22. Palmate.
23. Pinnatifid or wing-cleft.
24. Laciniate or jagged.
25. Sinuate or indented.
26. Tooth-sinuate.
27. Runcinate or barbed.
28. Parted or divided.
29. Repand or serpentine.
30. Toothed.
31. Serrate.
32. Doubly serrate.
33. Doubly crenate or scalloped.
34. Cartilaginous.

Fig. 35. Acutely crenate or scalloped.
36. Obtusely crenate.
37. Plaited.
38. Panduræform or fiddle-shaped.
39. Spatulate or shaped like a battledore.
40. Obtuse.
41. Acute.
42. Acuminate or pointed.
43. Obtuse with a point.
44. Acutely emarginate or notched.
45. Cuneiform or wedge-shaped.
46. Retuse.
47. Hairy.
48. Downy.
49. Hispid or covered with stiffish bristles.
50. Ciliate or fringed.
51. Rhombic.
52. Veined.
53. Nerved.
54. Papillous or pimpled.
55. Parabolic.
56. Acinaciform or scymetar-shaped.
57. Dolabriform or hatched-shaped.
58. Deltoid.
59. Triangular.
60. Channeled.
61. Furrowed or grooved.
62. Cylindrical or without angles.

자연의 체계

1758년 출간된 《자연의 체계》 10판은 동물 4400여 종과 식물 7700여 종에 대해 기술하고 있다. 《자연의 체계》 10판은 속명 다음에 종명 형용사를 붙여 두 단계로 학명을 표시하는 이명법의 시초가 된 《식물의 종》 뒤에 출간된 것으로, 이명법을 확고하게 하는 데 기여했다. 오늘날에도 린네가 제시한 방법에 따라 새로 발견된 생물에게 이름을 지어 준다. 사진은 1806년 런던에서 출간된 《자연의 체계》로, 식물의 잎을 62가지로 분류한 것이 보인다.

명할 수 있다.

린네는 식물 7700종과 동물 4400종에 대해 이명법 체계로 이름을 지었는데, 여기에는 레이가 야생의 세계를 직접 뛰어다니며 얻은 풍부한 현장 자료들이 동원되었다. 그리고 생물 전체를 지구에 사는 가족 체계로 엮어 계, 문, 강, 목, 과, 속, 종이라는 위계질서 속에 배열했다. 우리 인간을 예로 들자면 동물계, 척색동물문, 척추동물아문, 포유동물강, 영장류목, 인류과, 호모 속으로 종의 이름은 사피엔스다. 이미 알려진 생물은 물론이고 새로 발견된 종도 자리를 잡을 수 있는 견고한 체계가 완성된 것이다. 인간을 예로 든 것에서 이미 짐작하겠지만, 린네는 인간을 생물 분류 체계에 넣어 인간 역시 동물의 한 종으로서 더도 덜도 아닌 딱 한 자리를 자연계에서 차지하게 만들었다. 이것은 매우 진보적인 생각이었다.

그러나 린네 역시 18세기에 산 종교인이라 이런 말이 생기기도 했다. '신은 창조하고 린네는 분류한다.' 결국 린네 자신은 신이 창조한 생물에 대해 분류 체계법을 만들어 배치했을 뿐이며 생물과 지구가 어떻게 생겨났는지에 대해서는 《성경》에 쓰여 있는 것을 뛰어넘어 생각하지 않았다는 뜻이다. 이런 종교적 신념은 그가 자연에서 보고 연구한 사실과 종종 부딪칠 수밖에 없었는데, 특히 《성경》에서 이야기하는 지구의 나이를 대할 때면 신에 대한 의구심이 드는 것을 떨쳐 버리기 힘들었다. 이는 과학을 하는 사람, 특히 동식물과 그 생물이 사는 터전인 지구에 대해 연구하는 사람에게는 자연스러운 일이다. 신에 대해 아주 호의적이던 린네가 신학자들을 멀리하고 지구의 나이에 관한 연구에 본격적으로 뛰어들게 된 것은 발트해 때문이다.

발트해는 스웨덴, 핀란드, 러시아 서부와 폴란드, 독일 북부 지역으로 둘러싸인 바다로 노르웨이와 덴마크 사이의 좁은 해협을 통해서만 대서양으로 물이 드나들 수 있어서 거의 호수 같다. 그런데 이 바다의 수면이 자꾸 낮아지고 있었다. 다시 말해, 바닷물이 줄어들고 있었다. 온도 눈금 '섭씨'로 이름을 남긴 셀시우스는 발트해의 수면이 내려가는 것에 대해 식물이 활동한 결과 물이 암석으로 변하기 때문이라는 보고서를 작성했다. 초등학생이 들어도 웃을 것 같은 이 분석은 셀시우스가 마음대로 지어낸 이야기가 아니고 뉴턴이 《프린키피아》 제3권에서 언급한 내용을 끌어다 쓴 것이었다.

뉴턴은 지구에 있는 물의 근원은 혜성의 꼬리에 있는 수증기라고 생각했다. 그러나 그는 지구 자체가 커다란 폐쇄순환계라는 것을 몰랐기 때문에 지구의 물은 시간이 갈수록 줄어든다고 보았고, 지구의 물이 마르지 않으려면 지속적으로 외부에서 공급되어야 한다고 생각했다. 물을 먹어 치우는 것은 바로 식물! 식물이 죽어서 썩으면 진흙으로 변한 뒤 그것이 암석이 되기 때문에 시간이 지날수록 물은 줄어들고 암석은 늘어난다고 보았다. 당시에는 아직 식물의 광합성 과정이 밝혀지지 않았고, 지구에서 벌어지는 물과 에너지의 순환에 대해서도 거의 몰랐다. 게다가 암석의 생성 과정에 대해서도 거의 알려지지 않았다. 그래서 물이 식물의 작용으로 돌이 된다는 가정을 세워도 이상하다고 생각하는 사람이 없었다.

과학자들이 새로운 이론을 만들 때 뜬금없이 새로운 것을 들고 나오는 경우는 없고 대부분 선배들의 이론을 바탕으로 그것에서 조금 더 나아간 연구 내용을 덧붙인다. 셀시우스는 과학자들이 새로운 연구를 알리는 방식을 충실히 따랐기 때문에 이 우스운 이론이 당시 학계에서 인정받을 수 있었다.

이 보고서를 본 린네는 호수에 사는 식물이 어떤 작용 뒤에 죽고 썩어서 암석이 되는 과정을 정교한 모형으로 만들어 발트해의 물이 줄어드는 이유를 설명하려고 했다. 결론부터 말하자면, 이 모형 자체가 말이 안 되는 것이라서 린네는 아무것도 설명하거나 증명할 수 없었다. 그 대신 린네가 이 연구로 얻은 것이 있다면, 지구의 나이에 대해 진지하게 생각할 기회다.

린네는 《성경》에 나오는 노아가 겪은 홍수와 같이 200일 남짓 내리는 비로는 생물의 사체가 화석이 되기는커녕 사체를 퇴적물로 덮기에도 충분치 않다고 생각했다. 그리고 산에 있는 어류의 화석을 느닷없이 내리다 갑자기 그치는 비로 설명하려는 것은 과학을 모르는 문외한들이 하는 일이라고 썼다. 그리고 린네는 지구가 원래 모두 물로 덮여 있었다고 주장했다. 어떤 이유에서인지 육지가 드러났고, 그렇게 드러난 육지에서는 바다였을 때 살던 물고기의 화석이 묻혀 있다가 발견된다는 것이다. 또한 이런 일이 일어나려면 《성경》을 분석해서 알아낸 지구의 나이 6000년으로는 어림도 없다고 했다.

그러나 린네는 아무리 생각해도 지구의 나이를 알아낼 방법이 없었다. 그도 그럴 것이 당시에는 지구의 나이를 밝히기 위

해 실험을 하거나 과학적이고 논리적인 이론을 내놓을 토대가 너무나도 부족했기 때문이다. 그나마 과학자들 사이에서는 지구의 나이가 6000년이라는 것은 터무니없다는 여론이 어느 정도 형성되어 위안을 얻을 수 있었다. 지구의 나이에 대한 인식은 이렇게 느릿느릿 변해 가고 있었다. 이런 중에 발트해 너머 프랑스에서는 지구의 나이를 알아내기 위해 제법 그럴듯한 실험이 시작되고 있었다.

11

뷔퐁과 푸리에, 지구의 나이를 늘리다

프랑스 사람 뷔퐁은 사업가로서 자질이나 인맥 관리, 뛰어난 사교성과 지적 능력, 다양한 분야에 대한 관심 등을 고려할 때 갈릴레이와 무척 닮았다. 다른 점이 있다면 어머니로부터 많은 재산을 물려받은 덕분에 자연사 연구에만 전념하는 데 아무런 어려움이 없었다는 것이다. 뷔퐁은 재산 관리와 자연사에 대한 연구를 위해 규칙적으로 생활했다. 그는 늘 새벽 5시에 일어나 일을 시작했다. 물론 돈이 많은 뷔퐁에게는 어김없이 새벽에 깨워 주는 일만 도맡아 하는 하인이 있었다. 아침 식사 메뉴는 포도주와 롤빵 하나였고 오전 작업을 한 뒤 점심을 먹으면 찾아

온 손님을 만나고 산책을 했다. 산책이 끝나면 5시부터 두 시간 동안 집중해서 일하고 저녁은 먹지 않은 채 9시에 정확하게 잠자리에 들었다.

이렇게 철저히 자기 관리를 한 결과 1749년부터 그가 죽은 1788년까지 서른여섯 권의 책이 나왔고, 그가 죽은 뒤에 여덟 권이 더 나와 모두 마흔네 권인《박물지(Histoire naturelle générale et particulière)》가 완간되었다. 이 책은 자연사 전체를 아울러 쓴 최초의 책으로 명료하고 쉬운 설명 덕에 대중적 인기를 모았다. 외국어로 번역되어 팔릴 만큼 인기가 많은 베스트셀러였다. 안 그래도 돈이 많은 뷔퐁은 책이 불티나듯 팔려 더 부자가 되었다. 이 책은 과학과 관계없는 사람들이 자연에 관심을 가지도록 만드는 공을 세웠는데, 요즘 말로 하자면 뷔퐁은 과학 대중화에 앞장선 셈이다. 이 책 덕분에 18세기 후반에는 자연과 지질학에 관심이 있거나 교양 있는 사람이라면 이 분야에 대해 어느 정도 수준 있는 대화를 할 수 있어야 한다는 인식이 퍼지게 되었다. 이것은 지구인들이 20세기 말에는 유전 공학에 대해 이야기하고 21세기 현재는 우주론에 대해 이야기하는 유행과 같다.

뷔퐁은 지구가 처음에는 불로 이루어져 있었다고 생각했다. 그는 혜성 가운데 태양으로 뛰어드는 것들이 있는데, 혜성이 태양과 충돌할 때 태양에서 떨어져 나온 물질이 모여 지구가 되었다고 생각했다. 이것 역시 뷔퐁의 상상에서 나온 이야기가 아니라, 뉴턴의 《프린키피아》 제3권에서 혜성 가운데 종종 태양으로 뛰어드는 것이 있다는 구절을 본 뒤 가설을 세운 것이다. 지구의 처음 상태를 불덩어리로 보았다는 점은 매우 흥미롭다. 지금과 같이 식은 상태가 되려면 일정한 시간이 흘러야 하기 때문이다. 만약 불덩이 지구가 식는 과정을 재현한다면, 지구의 나이를 알아낼 수 있다. 뉴턴은 《프린키피아》 제3권에 근일점에 다가간 혜성이 태양빛으로 달궈진다는 이야기를 쓴 뒤 이렇게 적었다.

"그러므로 혜성이 지구와 같이 지름 4000만ft에 해당하는 뜨거운 쇠공이라면, 6000년이 지나도 채 식지 않을 것이고 5만 년이 넘어도 충분히 식지 않을 것이다."

그리고 뉴턴은 여러 가지 이유로 구의 지름과 식는 시간 사이의 관계를 제대로 예측할 수 없으니 누군가 실험을 해서 확실한 값을 구하면 좋겠다는 희망 사항을 적었을 뿐, 그 자신은 어떤 실험도 하지 않았다. 그러나 뷔퐁은 이것을 직접 해 보기로 했다.

뷔퐁은 쇠구슬을 가져다 벌겋게 달군 뒤 손으로 만질 수 있을 정도로 식을 때까지 걸리는 시간을 쟀다. 그리고 이 쇠구슬이 지구만 한 크기라면 식는 데 시간이 얼마나 걸릴지 계산했다. 이 실험은 정교하지도 않고 계산법 자체도 정확하지 않았지만 지구가 식는 데 7만 5000년이 걸린다는 결과가 나왔다. 이것은 성경학자들이 말하는 6000년보다 열 배가 넘는 긴 시간이다. 무엇보다 지구의 나이를 알아내기 위해 이론적 근거가 있는 실험을 설계하고 실행해 결과를 얻어 냈다는 점이 가치 있다. 그러나 이것은 과학이 신학과 사이좋게 함께 나아갈 수 없다는 결론을 낳았다. 과학과 신학은 대립할 수밖에 없었다. 과학자들이 알아낸 지구의 나이가 점점 더 늘어났기 때문이다.

지구의 나이를 극적으로 늘린 사람은 박물학자가 아닌 수학자였다. 프랑스 수학자 푸리에는 프랑스 역사상 가장 흥미로운 시기에 살았다. 1789년 여름에 시민을 탄압하는 왕권에 불만

을 품은 국민들이 바스티유 감옥을 습격해 프랑스 대혁명의 막이 오르기 시작하면서 급기야 1793년에는 루이 16세와 마리 앙투아네트가 처형되었다. 1804년에는 나폴레옹이 국민투표를 통해 제1대 황제로 등극했지만 영국을 봉쇄하려고 무리하게 전쟁을 하다 1814년에 세인트헬레나 섬으로 유배당했다. 그 결과 원래 프랑스 왕실이던 부르봉 왕가가 복귀해 왕정복고가 이루어졌으나 민심을 제대로 읽지 못해 1848년 2월 혁명이 일어나면서 왕은 외국으로 도망가고 말았다. 프랑스의 대문호 빅토르 위고는 1832년 6월 혁명을 소재로 《레미제라블(Les Misérables)》을 썼다. 푸리에가 사는 동안 프랑스는 한시도 조용할 날이 없던 셈이다. 그는 나폴레옹 이집트 원정대의 과학 고문을 맡기도 했다.

자연대생이나 공대생이라면 푸리에라는 이름을 안 들을 수가 없다. 그의 이름이 수업 시간은 물론이고 과제나 시험에 빠지지 않고 등장한다. 푸리에 해석, 푸리에 변환 등으로 불리는 기법은 복잡한 주기 함수를 간단한 주기 함수로 분리할 때 쓰인다. 음향을 연구하는 사람이라면 푸리에 변환을 이용해서 복잡하게 얽혀 있는 여러 소리를 분리해 낼 수가 있고, 천문학을 공부하는 사람이라면 푸리에 변환으로 알아낸 별의 변광 주기를 통해 하나로 보이는 별이 둘 또는 그 이상으로 이루어진 '계'라는 사실을 알아낼 수 있다. 푸리에 기법은 오늘날에도 첨단 과학 분야에 아주 많이 쓰인다.

푸리에가 소리나 빛의 파동에 관심을 가진 것은 그가 음악이나 대포 소리 또는 변광성을 사랑했기 때문이 아니다. 그의 진짜 관심은 고체 안에서 열이 전파하는 방식을 수학 방정식으로 만들 수 있느냐 하는 것이었다. 다시 말해, 그는 고체 내에서 일어나는 열의 흐름을 수학적으로 표현하고 싶었다. 물론 이런 생각을 하는 사람이 있다는 사실 자체가 보통 사람으로서는 도저히 이해되지 않는다. 하지만 푸리에의 열정 덕분에 지구의 나이가 획기적으로 늘어났다. 푸리에는 만약 지구가 불덩어리에서 시작해 오늘에 이르기까지 식었다면, 고체에서 열이 어떻게 빠져나가는지 알아야 하므로 연구할 가치가 있다고 생각했다. 푸리에는 이렇게 가설을 세웠다.

녹은 돌로 만들어진 불덩어리 지구가 식기 시작한다. 당연히 거죽이 먼저 식을 것이다. 지구의 거죽은 식은 팥죽에서 볼 수 있는 얇은 막으로 덮일 것이다. 얇고 단단한 바위로 둘러싸인 지구 안에서는 무슨 일이 벌어질까. 당연히 잘 식지 않을 것이다. 지구 중심에서 밖으로 나오는 열이 단단한 바위 껍질에 막혀 흘러 나가지 못하기 때문이다. 껍질 아래는 여전히 녹아 흐르는, 유체와 같은 뜨거운 바위로 이루어져 있다. 지구가 식는 과정을 수학적으로 풀려면 지구를 단단한 고체로 보아서는 안 되고 흐르는 유체로 보아야 한다. 이것이 수학자였던 푸리에가 생각한 지구 냉각 시나리오다.

이것은 쇠구슬을 달구고 식히는 뷔퐁의 실험과는 차원이 다른 분석이었다. 훨씬 현실적이고 구체적이며 좀 더 과학적이었다. 이런 세심한 시나리오 속에서 푸리에는 자신이 고안한 열류 방정식을 써서 지구가 식는 데 걸리는 시간을 계산했다. 그러나 어찌 된 일인지 푸리에는 그것을 발표하지 않고 상세한 기록도 남기지 않은 채 저세상으로 가 버렸다. 푸리에가 죽은 뒤 사람들은 푸리에의 계산을 재현했다. 그랬더니 계산 값이 1억 년이 나왔다. 이것은 뷔퐁이 실험한 7만 5000년보다 1000배 이상 긴 시간이다. 푸리에가 생전에 왜 이 계산 값을 발표하지 않았는지 자세한 내막은 알 수 없다. 그러나 우리는 마음대로 소설을 써 볼 수 있는데, 자신이 계산한 값이 너무 커서 깜짝 놀라 과학적으로 의미가 없다고 생각했을 가능성이 크다. 1000배라니, 10배 정도라면 몰라도 말이다.

12

허턴의 동일과정설
VS
퀴비에의 격변설

뷔퐁이 쇠구슬이 허옇게 변할 정도로 달구고 식히기를 반복하고 있을 때 영국에서는 제임스 허턴이 영국 일대를 두루 돌며 지층의 방대한 규모에 혀를 내두르고 있었다. 허턴은 원래 법률을 공부했지만, 적성에 맞지 않음을 깨닫고 의학 공부로 방향을 바꾸었다. 당시 의학은 요즘 생각하는 의학과 많이 달라서, 굳이 그 차이를 말하자면 화학에 가까웠다. 대학을 졸업한 허턴은 물려받은 땅에 농사를 짓기 위해 베네룩스 3국을 돌며 현대 농법에 대해 공부했다. 그리고 고향으로 돌아가 바위투성이인 땅을 개간해 성공적으로 농사를 지었다. 이 과정에서 허턴의 관심을 끈 것이 바로 지질학이었다. 대학에서 의학으로 위장한 화학을 공부한 허턴은 모든 금속을 도금하기 전에 사용하는 염화암모늄을 추출하는 기술을 개발해 뜻하지 않게 많은 돈을 벌었다. 허턴은 이 돈을 지질학을 연구하는 데 쏟아부었다.

영국을 비롯해 유럽을 돌며 지층과 암석들을 답사한 허턴은 풍부한 현장 경험을 통해 이런 사실을 알아냈다. 산맥은 아주 오랜 시간에 걸쳐 물과 바람에 깎이고 부서지는 변화를 겪는다. 깎이고 부서진 물질은 낮은 곳으로 이동해 바다 밑에 쌓여 새로운 암석이 된다. 바다 밑에 쌓인 새로운 지층 역시 시간이 한참 지나면 바다 위로 솟아올라 새로운 육지가 된다. 이런 일들은 아주 천천히 일어난다. 하지만 지구 표면은 충분한 시간만 있다면 바뀔 수 있고, 지진이나 화산 활동 같은 과정을 통해서도 바뀔 수 있다고 생각했다.

허턴이 '충분한 시간'으로 6000년은 어림도 없다고 여긴 데는 고대 로마 사람들이 큰 공헌을 했다. 허턴은 이탈리아를 여행할 때 대리석 도로가 놀라울 정도로 잘 보존되어 있는 것을 보고 새로운 사실을 깨달았다. 이탈리아와 터키 등지에 퍼져 있는 고대 로마의 대리석 도로는 건설된 지 2000년이 넘었고 그사이 숱한 비바람에 침식되었는데도 여전히 도로 구실을 할 정도로 깔끔하게 남아 있다. 이 대리석 도로는 6000년이 아니라 6만 년

후에도 남아 있을지도 모른다. 지표에서 벌어지는 모든 일은 엄청나게 천천히 벌어지고 있음이 분명했다.

허턴은 이와 유사한 수많은 예를 들며, 성경학자들이 말한 것처럼 조개 화석이 산꼭대기에 올라앉는 일이 생기도록 바다 밑에 있던 땅이 하룻밤 만에 몇 km씩 솟아오르는 비정상적인 격변이 일어날 필요는 없고, 그저 지금처럼 아주 천천히 침식과 퇴적 과정이 일어나면 된다고 설명했다. 그리고 하룻밤 사이에 평평한 땅이 높은 산이 되는 일은 없다고 주장했다. 오늘날 들으면 지극히 상식적인 이야기지만 당시 허턴의 생각은 너무나 진보적이어서 잘 받아들여지지 않았고 신학자들의 거센 공격을 받았다. 현재 지표에 일어나고 있는 풍화나 침식 같은 지질 작용이 예전 지구에서도 동일한 과정으로 일어났다는 허턴의 주장은 '동일과정설'로 알려졌다.

사실 상식에 가까운 허턴의 동일과정설이 대중과 과학자들 사이에 회자되지 않고 신학자들의 거센 반발을 잠재우지 못한 것은 그가 글을 너무 못 썼기 때문일 수도 있다. 허턴은 1795년에 두 권으로 된 《지구의 이론(Theory of the Earth)》을 펴냈는데, 이 책에는 그가 온 유럽을 다니며 쌓은 풍부한 현장 경험이 들어있어 그 내용이 획기적임에도 모든 고전을 통틀어 가장 안 읽힌 책이라 해도 지나치지 않다. 그가 쓴 글은 산만해서 도저히 이해할 수 없기 때문이다. 말을 유창하게 하고 생각 또한 아주 창의적이지만 그것을 정리해서 글을 쓰는 데 어려움을 느끼는 사람들이 간혹 있다. 허턴은 그런 사람이었다.

그런데 다행스럽게도 허턴에게는 대필을 해 줄 수 있는 존 플레이페어라는 친구가 있었다. 에든버러 대학 교수였던 플레이페어는 허턴이 평생 한 일에 대해 잘 알고 있었고, 지질학에 대한 그의 생각에 동조했다. 게다가 플레이페어는 글을 아주 잘 썼다. 플레이페어는 허턴이 죽자 그의 책을 요약하고 수려한 문장

허턴

허턴은 지층이 단절되거나 어류의 화석이 산 위에서 발견되는 것은 하룻밤 사이에 일어난 급격한 변화보다는 아주 오랫동안 이어진 풍화, 침식 과정 때문이라고 주장했다. 이와 달리 퀴비에는 갑작스런 지표의 변화 때문에 오늘날과 같은 지층과 화석이 발견된다는 격변설을 내세웠다. 그림은 지층과 암석 조사를 위해 현장 답사 중인 허턴의 모습이다.

으로 고쳐《허턴의 지구 이론에 대한 해설(Illustrations of the Huttonian Theory of the Earth)》로 1802년에 출판했다. '동일과정설'이 사람들 입에 오르내리며 프랑스인 퀴비에가 주장한 '격변설'과 쌍벽을 이룰 수 있었던 것은 전적으로 플레이페어의 저술 덕분이다. 비록 퀴비에의 대중적 인기가 워낙 높아 동일과정설이 별 힘을 얻지는 못했지만 말이다.

퀴비에는 어린 시절 삼촌 집에 있는 뷔퐁의《박물지》전집을 보며 자연에 대한 관심을 키웠다. 성인이 되자마자 프랑스 격변기가 찾아와 혼란한 정국 속에서 젊은 시절을 보냈고 공포 정치가 잦아들 즈음 26세의 퀴비에는 파리에서 비교해부학 교수의 조교로 자연사박물관에 취직할 수 있었다. 퀴비에도 푸리에처럼 나폴레옹이 이집트 원정을 떠날 때 초대받았지만 푸리에와 달리 가지 않았다. 그 대신 프랑스 대학의 자연사 교수로 임용되어서 역사에 길이 남을《비교해부학 강의(Leçons d'anatomie comparée)》다섯 권을 출판했다.

퀴비에는 서로 다른 동물이라도 같은 작동을 하는 부위가 있다는 것을 꿰뚫어 보았고 육식동물이냐 초식동물이냐에 따라 다른 형태로 나타나는 것을 알았다. 육식동물은 사냥하기 좋도록 빠르게 달릴 수 있는 다리 구조와 잡은 사냥감을 붙들 수 있는 발톱, 한번 물면 절대 놓치지 않을 강력한 턱 구조, 살점을 물

어뜯을 수 있는 날카로운 이빨 등을 갖고 있다. 그리고 초식동물은 무조건 빨리 뛸 수 있는 다리 구조와 발굽, 풀을 뜯기 좋은 앞니와 부수거나 갈기 좋은 넓적한 이빨을 갖고 있다. 퀴비에의 이런 생각에는 이미 생물은 환경에 적응해 형태를 바꿀 수 있다는 개념이 들어 있었지만, 의외로 그는 진화론을 인정하지 않았다.

동물을 해부학적으로 분류하던 퀴비에는 동물을 하등동물에서 고등동물로 한 줄 세우기를 하는 것은 불가능하다는 사실을 깨달았다. 동물은 해부학적으로 보았을 때 척추동물, 연체동물, 관절동물, 방사동물로 나눌 수 있으며 각 동물은 고유한 해부학 체계를 가지고 있었다. 퀴비에의 분류법이 오늘날에는 쓰이지 않지만, 그는 동물의 세계에 선형 위계질서가 없다는 것을 해부학적으로 처음 증명한 사람이다.

퀴비에가 한 일 가운데 더 중요한 것은 살아 있는 동물뿐 아니라 화석이 되어 버린 동물에도 비교해부학을 적용해 고생물학이라는 새로운 분야를 개척했다는 점이다. 새와 비슷한 파충류를 발견하고 '익룡'이라는 이름을 지은 이가 바로 퀴비에다. 그는 화석을 연구하면서 뜻밖의 사실을 알아냈다.

퀴비에는 자연사박물관에 있는 광물학 교수와 함께 어떤 지층에서 어떤 화석이 발견되는지를 4년에 걸쳐 정리했다. 샌드위치처럼 층이 진 지층의 경우 아래의 것이 위의 것보다 오래된 층이다. 퀴비에는 뛰어난 해부학적 감각으로 각 층에서 발견한 화석을 가지고 고생물을 복원했다. 그러자 아래 지층에서 발견된 동물일수록 현존하는 동물과 닮은 점이 거의 없었다. 더 아래에 있는 것들은 파충류, 양서류처럼 요즘은 동물계의 주류가 아닌 것들이었고 형태와 크기가 요즘 동물과는 많이 달랐다. 이 중 대부분은 지구에서 사라진 것이었다.

지층과 화석에서 나타난 더 놀라운 사실은 지구상에 동물이 존재하지 않던 시기가 있다는 점이다. 퀴비에는 생물은 생겼다 멸종하기를 반복하고 그사이에 잠시 생물이 없는 시기가 있다고 주장하며 생물을 창조하는 것은 당연히 신이고 생물이 멸종하는 원인은 갑작스러운 지진, 홍수, 화산 같은 대격변이라고 주장했다. 《성경》에 나오는 대홍수는 마지막 대격변인 셈이다. 또 생물의 종은 주변 환경에 맞게 이미 완벽한 형태로 창조되었기 때문에 변화할 필요가 없다고 주장해 환경에 따라 생물이 적응하며 대를 잇는 진화의 개념을 근본적으로 부정했다.

퀴비에의 주장은 '대격변설'이라는 이름이 붙으며 오랫동안 확고한 이론으로 자리를 지켰다. 시간이 지나 대격변설은 연이은 지질학적 증거들로 사실이 아님이 밝혀져 폐기 처분되었지만 과학계에서 그의 명성과 권력이 너무나 강해 그가 살아 있는 동안에는 아무도 퀴비에의 이론에 반대할 수 없었다. 결국 그 확고부동한 명성이 프랑스 과학 발전에 걸림돌이 되었고 지질학의 중심은 영국으로 다시 건너가게 되었다.

　퀴비에가 진화의 개념을 부정하면서 프랑스 과학을 후퇴시킨 것은 부정할 수 없는 사실이다. 하지만 그늘 반대편에는 그것을 만드는 빛이 반드시 있는 법이라서, 그가 이루어 놓은 화석과 지층에 대한 연구 덕에 지구의 역사를 찾는 새로운 길이 열린 것도 사실이다. 서로 다른 지층에서 나오는 화석들을 정리한 목록과 화석의 형태를 비교한 자료 덕에 지층들을 지질학적 연대 순으로 나열할 수 있었다. 아직은 지층의 절대 나이를 알 수 있는 방법이 없었지만 퀴비에 덕분에 지층의 상대적 나이는 알 수 있었다. 이로써 지구를 커다란 쇠구슬이나 끓는 돌덩어리 같은 가상의 대상으로 보지 않고 바로 눈앞의 지층이라는 증거로 지구의 나이를 캘 발판이 마련되었다.

13

대중 저술가 라이엘, 지질학의 토대를 다지다

영국 사람 찰스 라이엘은 옥스퍼드 대학에서 공부할 때 아버지의 서재에 있던 《지질학 개론(Introduction to Geology)》을 읽고 지질학이라는 학문이 있다는 사실을 알았고, 제임스 허턴의 동일과정설도 알게 되었다. 그는 곧바로 플레이페어가 쓴 허턴의 책을 읽은 뒤 1817년 여름 학기에 윌리엄 버클랜드의 광물학 수업을 들었다. 버클랜드는 당시 아주 기이한 행동을 하는 박물학자로 유명했는데, 집에 온갖 동물을 키우는 작은 동물원이 있었고 거기에서 기른 동물들의 고기 맛을 보는 것을 일종의 목표로 여겼다. 또 지질학회에서 지질 탐사를 갈 때는 정장을 하고 교수들이 두르는 망토를 펄럭이며 지질용 망치를 휘둘렀으니 기이하다는 평을 안 들을 수가 없었다. 무엇보다 버클랜드를 유명하게 만든 것은 메갈로사우루스의 이빨 화석 발견이다. 그는 공룡을 처음으로 발견한 사람으로 과학사에 남아 있다.

버클랜드가 고생물과 지질학에 몰두하는 데 큰 영향을 준 사람은 같은 시대를 산 윌리엄 스미스다. 스미스는 측량사였다. 그는 영국의 운하 건설과 관련해 암석층을 조사하는 일을 맡았다. 이 일을 통해 그는 화석과 지층에 대한 깊은 통찰력을 갖게 되었다. 그는 같은 화석이 나오는 지층이 영국에서 프랑스에 이를 정도로 길게 연결되어 있으며 어떤 것은 뒤틀리고 꺾이거나 끊기기도 했다는 것을 알았다. 스미스는 자신의 측량 자료를 토대로 1815년에 《영국의 지질도(Geological Map of Britain)》를 출판했는데, 많은 과학자들이 이 지도를 들고 지질 탐사를 떠났다. 그 과학자들 중에는 영국 전역을 돌며 지질 탐사를 한 버클랜드도 끼어 있었다. 기이한 행동으로 유명한 버클랜드였으니 가는 곳마다 재미있는 일화들이 넘쳐 났다. 그리고 1817년에 라이엘이 들은 수업은 이 모든 것이 집약된 흥미로운 강의였다.

라이엘은 1821년 영국 남부 서식스 지방에 머무를 때 외과 의사이면서 아마추어 지질학자였던 기디언 맨텔을 알게 되었다. 맨텔은 누구보다 먼저 공룡 이구아노돈의 이빨 화석을 발견했지만 주류 학계에 몸담지 않은 탓에 발 빠르게 연구 결과를 발표하지 못해 '공룡을 가장 먼저 발견한 사람'의 자리를 버클랜드에게 넘겨줄 수밖에 없었다. 라이엘은 여행을 마친 후에도 맨텔과 편지를 주고받으며 영국 남부 지방의 지질 구조에 큰 관심을 갖게 되었고, 스미스가 만든 지질도를 들고 여행하면서 영국과 프랑스의 지층이 서로 연결되어 있다는 사실을 다시 확인할 수 있었다.

1823년에는 라이엘이 파리에서 퀴비에를 만나 격변설에 대해 이야기를 나눴다. 퀴비에 역시 맨텔, 버클랜드와 이미 알고 있었다. 그런데 맨텔이 발견한 이빨이 고생물의 것이 아니라 현생 어류의 이빨이라고 잘못 조언해 공룡 화석의 첫 발견자로 버클랜드의 손을 들어 주었다.

이런 여행을 하는 동안 라이엘은 전문 지질학자도 아니고 법률가도 아닌 애매한 지위를 유지하고 있었다. 런던지질학회 회원이긴 했지만 그 학회는 비싼 회비를 낼 능력만 있다면 아마추어도 회원이 될 수 있었기 때문에 라이엘을 전문 지질학자로 보기는 힘들었다. 그러던 중 라이엘은 우연한 기회에 《쿼털리 리뷰(Quarterly Review)》라는 잡지에 과학 에세이를 기고하게 되었다. 허턴이 들으면 몹시 속상하겠지만 라이엘은 글재주가 있었다. 라이엘은 그 덕분에 지식인들 사이에서 저술가로 유명해

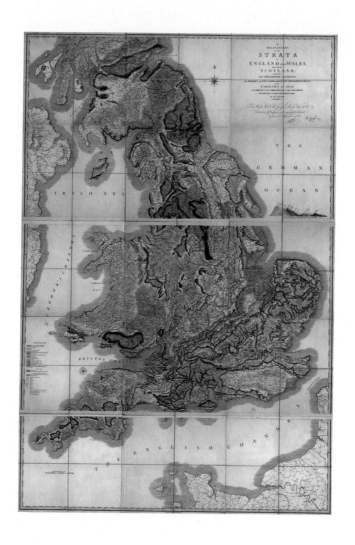

영국의 지질도

탄광 측량사였던 스미스는 그때까지 아무도 보지 못한 땅속 지층의 세계를 보았다. 스미스는 1815년에 《영국의 지질도》를 출판했고, 그가 작성한 지질도는 그 뒤에 등장하는 지질학자들에게 큰 영감을 불어넣었다.

졌고, 글을 써서 버는 돈이 법정 변호사 일을 하면서 버는 돈보다 많았다. 라이엘은 변호사를 계속할 이유가 없었다. 1827년에는 지질학에 관한 글을 쓰기 위해 탐사 여행 계획을 짰다. 보통 과학자들은 탐사나 답사를 마친 뒤 그 자료를 토대로 글을 쓴다. 그러나 라이엘은 기존 학자들과 달리 글을 쓰기 위해 맞춤식 여행을 계획한 것이다.

라이엘은 1828년에 저술 작업을 위한 탐사 여행을 떠났다. 지표는 아주 느린 속도로 변하기 때문에 당장은 알아차릴 수 없지만 오랜 시간이 지나면 산이 깎이고 땅이 뒤틀리는 결과를 낳을 수 있다는 사실을 증명하기 위해서였다. 이것은 허턴이 주장한 동일과정설의 영향을 받은 것이다. 라이엘은 이탈리아 북부에서 남부 시칠리아 섬까지 여행하면서 놀라운 사실들을 발견했다. 그중 한 예로 에트나 화산 이야기를 들어 보자.

에트나 화산은 역사 시대 이래 지금도 화산 활동을 계속하는 활화산으로 높이는 해발 3300m가 넘고 산의 둘레 또한 어마어마하게 크다. 화산에는 흘러내린 용암이 굳은 뒤 비와 바람에 잘게 부서져 흙이 되고 그 자리에서 식물이 자라다가, 그 위에 또 용암류가 흐르고 굳기를 수십 차례 이상 반복한 흔적이 선명하게 남아 있었다. 용암이 흐른 용암류가 굳으면 검은색의 거친 현무암이 된다. 에트나 화산 중턱에는 현무암층 사이에 60cm나

되는 퇴적층이 자리 잡고 있었는데, 그 퇴적층에서는 다량의 굴 껍질 화석이 발견되었다. 이 굴들이 기어서 산을 올라갔을 리 없느니, 이 퇴적층은 얕은 바다였던 것이 틀림없다. 이런 일들은 도저히 몇천 년 동안에 생겼다고 볼 수 없었다. 에트나같이 젊은 화산이 이렇게 장구한 세월 속에서 거대한 산으로 자리매김했다면 지금 활동을 하지 않는 머나먼 과거에 생긴 화산들은 얼마나 오래전에 생겼다는 말인가? 지구의 나이는 짐작할 수 없을 정도로 많은 것이 분명하다.

라이엘은 자신이 본 것을 그대로 적었다. 그리고 1830년 뉴턴의 《프린키피아》를 떠올리게 하는 제목을 붙여 《지질학의 원리(Principles of Geology)》를 세상에 내놓았다. 이 책은 무척 인기리에 팔려 라이엘은 큰 수입을 올렸다. 아마도 과학 저술을 직업으로 삼은 사람은 라이엘이 처음일 것이다. 책이 많이 팔렸다는 것은 또 다른 중요한 의미가 있었다. 많은 사람들이 자신들이 딛고 사는 땅에 대해 관심을 가졌다는 뜻이고, 지질학이라는 학문이 대단히 인기 있는 분야가 되었다는 뜻이며, 지질학을 발전시키는 방향으로 정책을 세우고 예산을 짰다는 뜻이다.

당시 지질학은 큰 인기를 누리고 있었다. 1832년에는 《지질학의 원리》 제2권이 출판되어 주춤하던 제1권의 판매가 덩달아 상승세를 탔다. 저자와 출판사는 독자의 관심이 끊어지기 전에

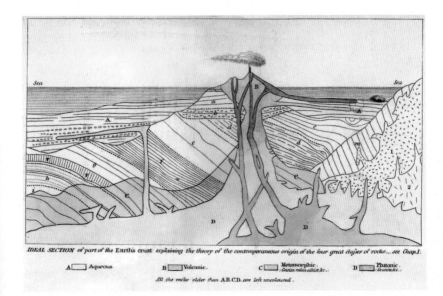

IDEAL SECTION of part of the Earth's crust explaining the theory of the contemporaneous origin of the four great classes of rocks... see Chap.1.

A ☐ Aqueous.   B ▨ Volcanic.   C ▨ Metamorphic. /Gneis, mica schist, &c./   D ▨ Plutonic. /Granite &c./

All the rocks older than A.B.C.D. are left uncoloured.

지질학의 원리

라이엘의 《지질학의 원리》에 실린 삽화다. 이 삽화는 암석이 어떤 과정을 거쳐 형성되는지를 보여 주고 있다.

시리즈를 연이어 출판하는 것을 좋아하는데, 그것은 관심을 잃지 않으려는 목적과 함께 판매량을 배가하는 기능이 있기 때문이다. 이런 점은 예나 지금이나 변하지 않은 모양이다. 라이엘은 여세를 몰아 1833년에는 《지질학의 원리》 제3권을 펴내 이 책을 완간했다. 라이엘이 1838년에 최초의 근대적 지질학 교과서라고 불리는 《지질학 원론(Elements of Geology)》을 출판하는 데 앞서 발간한 세 권의 책이 토대가 된 것은 말할 필요도 없다.

라이엘은 논픽션이라는 분야의 글이 본 것을 그대로 적는 객관성도 중요하지만, 저자의 주장을 뒷받침할 증거들을 집요하게 추적해 서술하고 독자가 감성적으로 받아들이도록 만드는 것도 중요하다는 점을 알고 있었다. 이것은 그가 자신이 하려는 이야기만 마구 풀어내지 않고 독자들이 어떻게 받아들일지를 생각했다는 뜻이다. 결국 글이란 소통이 중요하다는 점을 확인한 것인데, 물론 라이엘은 이런 글쓰기 교육을 받은 적이 없다. 라이엘의 전략은 그대로 적중해서 지질학 교육을 받은 사람이나 지질학에 문외한이던 사람이나 모두 그의 책을 읽고 지구에 대해 눈을 뜨게 만들었다. 그의 인기가 얼마나 높았던지 1841년 북아메리카 일대를 방문할 때 라이엘의 강연회에 3000명이나 몰려들었다. 아마 과학사에서 이렇게 많은 사람이 몰려든 과학 강연회는 처음이자 마지막일 것이다.

라이엘이 벌인 과학 대중화의 가장 큰 수혜자는 바로 다윈이다. 다윈은 1859년에 출판한《종의 기원(On the Origin of Species by Means of Natural Selection)》을 집필할 때 모든 틀을 라이엘이 쓴《지질학의 원리》에서 가져왔다. 때마침 지질학과 박물학에 대한 대중의 관심은 하늘을 찌를 듯했고 진화라는 개념도 그리 새로운 것이 아니었다. 그러니 다윈은 진화라는 개념을 대중에게 설파하기 위해 큰 힘을 들일 필요가 없었다. 다윈이 대단한 것은 진화라는 새로운 개념을 만들어 냈다는 데 있지 않고 생물이 어떻게 진화했는지 실체를 보여 주었다는 데 있다. 앞서 과학사에 큰 획을 그은 과학자들이 그랬듯이 모든 분위기가 무르익었을 때 다윈이《종의 기원》을 들고 나왔다. 다윈은 적당한 때 적당한 곳에 있었다.

다윈은 뷔퐁, 허턴, 라이엘이 다져 놓은 지질학과 고생물학의 토대 위에《종의 기원》을 얹어 놓으며 지구의 나이에 대해 아주 흥미로운 말을 했다. 라이엘이 아마추어 고생물학자인 맨텔과 답사를 다닌 영국 남부 서식스 지방의 지질 구조는 무려 3억 666만 2400년에 걸쳐 이루어졌다는 것이다. 이는 푸리에가 계산하고도 발표하지 않은 1억 년보다 긴 시간이며 무엇보다 시간이 아주 구체적이다. 이 주장은 지구의 나이 46억 년에 비하면 한참 모자란 숫자였는데, 당시 사람들, 특히 신학자들은 지구의

나이가 《성경》과 전혀 다르다는 이유로 다윈을 비난했다. 다윈은 그런 비난에 감정을 소모하고 싶지 않았는지, 3판부터는 그 숫자를 아예 빼 버렸다. 하지만 그렇게 자세한 숫자가 인쇄되어 나온 이상, 사람들의 뇌리에 그 숫자는 아주 인상적으로 박힐 수밖에 없었고 진화론을 근거로 볼 때 지구의 나이는 수억 년 이상이 될 수밖에 없다는 생각이 사람들의 무의식에 스며들었다.

지구의 나이는 자꾸 늘어났지만 아직 진실에 가까운 값을 알아내기에는 모두가 역부족이었다. 지구의 나이를 제대로 측정하려면 암석을 구성하고 있는 원자라는 좀 더 작은 세계를 들여다봐야 했다. 또 그에 걸맞은 연대 측정 방법과 기술이 개발되기를 기다려야 했다. 그래서 지구의 나이에 대한 연구는 지질학자가 아닌 물리학자와 화학자의 세계로 옮겨 가고 있었다.

14

귀 밝은 러더퍼드, 천연 시계를 이용하다

절대온도의 단위인 켈빈으로 더 잘 알려진 영국의 과학자 톰슨은 10대에 이미 논문으로 상을 받을 정도로 머리가 좋았다. 순수 과학뿐 아니라 응용과학인 기술 과학 분야에 두루 뛰어나 전자기학, 열역학, 빛의 파동 이론에 이르는 다양한 분야의 논문을 661편이나 썼고 냉장법을 비롯해 70여 건에 이르는 특허를 가지고 있었다. 그리고 그중에는 선박용 나침반, 선박용 수심 측정계, 조석 예보기 등 배에서 쓰는 아주 민감한 장비들을 개선해 얻은 특허들도 있었다. 항해술에 대한 관심은 당시 실패를 거듭하던 대서양 횡단 케이블 연결 사업을 성공으로 이끌 수 있었다.

그 덕분에 톰슨은 왕실로부터 귀족 작위를 받았다. 그때 받은 이름이 켈빈이고, 과학 발전에 공헌한 업적으로 작위를 받은 영국인은 톰슨이 처음이다.

그는 글래스고 대학에서 50년 가까이 창의적인 교수법으로 학생들을 가르친 것으로 유명하다. 똑같은 것을 반복하기 싫어한 톰슨은 같은 주제라도 항상 다른 방법으로 접근해서 가르쳤고 실험이 없는 과학은 진정한 과학이 아니라며 수업 시간마다 실험을 위해 총을 쏘는 것도 서슴지 않았다. 나중에는 대학을 설득해 학교에 근사한 실험 시설까지 갖추었는데, 이론을 중시하고 실험을 경시하던 당시 대학 풍조에서는 매우 혁신적인 일이었다.

프랑스에서 주도하던 도량형인 미터법을 열렬히 지지한 톰슨은 영국의 도량형이 아주 야만적이라고 지적하며 미터법을 만드는 데 적극 참여했다. 왕립학회 회장을 다섯 번이나 맡았고, 영국인이지만 프랑스의 미터법을 만드는 데 적극적으로 지지할 만큼 객관적이고 논리적으로 사고했으며, 모든 일을 꼼꼼하게 확인할 만큼 빈틈없는 과학자 톰슨. 그가 단 한 가지 과오를 저질렀는데, 바로 지구의 나이를 잘못 측정했다는 것이다. 그는 지구의 나이를 잘못 측정했을 뿐 아니라 다른 과학자들이 자신의 계산에 동조하도록 무언의 압력을 넣어 젊은 과학자들이 새로운 주장을 펴는 데 주저하도록 만들었다.

톰슨은 태양이 그 자체의 무게 때문에 수축할 수밖에 없으며 수축할 때 생기는 중력에너지가 열로 변해서 지구에 열과 온기를 준다고 생각했다. 이것은 열역학을 태양과 지구에 적용해 얻어 낸 결론이고, 복잡한 계산 끝에 나온 태양의 나이는 수천만 년이었다. 당시에는 태양이 수소 핵융합을 통해 빛과 열을 낸다는 사실을 전혀 몰랐기 때문에 이 값에 토를 달 사람은 아무도 없었다. 지구와 태양의 나이가 같다고 전제한 톰슨은 지구의 나이도 수천만 년일 것이라고 보았다.

푸리에가 만든 열전달 방정식의 매력에 푹 빠진 톰슨은 푸리에를 수학의 시인이라고 칭하며 2주 만에 푸리에의 이론을 모두 익히고 푸리에의 방법대로 지구의 나이를 계산하기도 했다. 그 결과 초기 조건에 따라 약 4억 년이라는 답이 나왔으므로 톰슨은 지구의 나이는 수천만 년에서 4억 년 사이일 것이라고 발표했다. 그러나 톰슨은 4억 년이 너무 길다고 생각했는지 1억 년이라고 말을 바꾸고 1897년에는 2400만 년이라고 발표했다. 톰슨은 나이가 들수록 고집이 세져서 자신이 계산한 지구의 나이를 철회하거나 바꿀 생각을 하지 않았다.

톰슨의 이런 자세는 영국의 과학계에 좋지 않은 영향을 미쳤다. 당시 지질학자들은 화석과 지층에 나타난 증거들을 볼 때 지구의 나이가 수천만 년이어서는 안 된다고 주장하고 있었다. 그러나 톰슨과 다르게 지구의 나이를 주장하려면 많은 용기가 필요했다. 왕립학회 회장직을 맡으며 과학계에 막강한 권력을 행사하고 있던 톰슨의 눈 밖에 나는 것은 여러모로 좋은 일이 아니었기 때문이다. 지질학자들은 톰슨을 기준으로 편이 갈렸다. 지질학자뿐 아니라 생물학자들도 양분되었다.

이 가운데 본의 아니게 싸움에 말려든 사람이 다윈이다. 다윈은 본인의 의사와는 관계없이 톰슨의 반대편에 설 수밖에 없었다. 그가 쓴 《종의 기원》에서 지구의 나이를 아주 자세하게, 무엇보다 톰슨이 제시한 나이보다 훨씬 많게 주장했기 때문이다. 결국 톰슨은 다윈이 제시한 지구의 나이도 거부하고 다윈의 진화 이론까지 강력하게 거부했다. 물론 진화론을 거부한 데는 다른 이유들이 있었다. 시간이 갈수록 싸움은 더 커져서 다윈의 지지자이자 훌륭한 과학자였던 토머스 헉슬리가 대적했고, 다시 그 반대편에서 문필가 마크 트웨인이 나서서 톰슨을 지지한다고 말해 지구의 나이는 옴짝달싹 못하고 2400만 년으로 굳어지는 듯했다.

그러나 돈과 명예와 좋은 머리를 다 갖춘 톰슨도 세월 앞에서는 고개를 숙일 수밖에 없었다. 그의 계산을 과학의 무대에서 날려 버릴 바람이 프랑스에서부터 불고 있었다. 지구는 그저 한

번 달궈졌다 식어 가는 돌덩어리가 아니었다. 톰슨도 전혀 몰랐던 사실이지만 지구 속에는 근사하게 작동하는 방사성원소라는 열원이 있었다.

갱도에 들어가 본 사람이라면 깊이 들어갈수록 덥다는 것을 알 수 있다. 푸리에와 동시대를 살던 사람들이 지구가 원래 끓는 돌이었다고 생각한 것도 바로 이런 경험 때문이다. 그러나 갱도는 아무리 깊어도 지구 표면에 살짝 흠집을 낸 정도밖에 안 되기 때문에 지구 안에 무엇이 있는지 실제로 알기란 매우 어렵고 어떤 물질로 이루어졌는지 아는 것도 힘들다. 그러던 중 프랑스에서 지구 내부를 이루는 물질에 관한 단서가 하나 잡혔다.

프랑스 과학자 앙리 베크렐이 형광물질에 대해 연구하던 중 어떤 우라늄염은 햇빛에 노출되지 않아도 아주 센 빛을 낸다는 사실을 알게 되었다. 베크렐은 폴란드에서 파리로 유학 온 여학생에게 정체를 알 수 없는 빛에 대해 연구하도록 했다. 그 여학생이 바로 마리 퀴리다.

이제부터 펼쳐질 이야기를 좀 더 쉽게 이해하기 위해 우라늄염에 대해 자세히 알아보자. 이야기는 16세기 초로 거슬러 올라가 보헤미아 지방, 오늘날 체코에 있는 야히모프 마을에서 시작된다. 야히모프는 자본이라는 관점에서 상당히 복을 받은 마을이다. 사람들은 땅속에 은 덩어리들이 들어 있다고 생각할지 모르나, 사실 은은 서로 다른 지층 사이에 끼어 알루미늄포일 같이 얇은 판이나 엿을 길게 늘일 때 볼 수 있는 실처럼 존재한다. 야히모프 마을이 복을 받았다는 것은 이런 은 광맥이 지표에서 발견되었기 때문이다. 은을 찾기 위해 땅을 팔 필요가 없었다는 말이다. 지표에 드러난 은 광맥은 지하로도 이어졌고, 사람들은 더 많은 은을 캐기 위해 은의 흔적을 따라 땅속으로 들어갔다. 이렇게 광맥을 따라 굴을 파고 갱도를 만든 광산이 이 지역에 800곳이나 되었다. 인구 2만 명이 안 되는 작은 마을에서 말이다. 야히모프는 19세기 중반까지 은을 캐서 호황을 누렸다. 그러나 지하에 매장된 은은 한계가 있었기에 무한정 파낼 수는 없었다. 은은 점점 바닥을 드러냈고 광부들은 마을을 떠났다.

지하 세계는 아주 흥미로워서, 은이나 금이 발견되는 광맥 근처에는 값나가는 다른 광물들이 묻혀 있는 경우가 많다. 은이 떨어져 가자 사람들의 관심은 자연히 은과 함께 묻혀 있던 코발트나 비소로 기울어졌다. 사람들은 그동안 은에만 정신이 팔려 바로 옆에 값나가는 광물이 있다는 것을 몰랐던 것이다. 코발트는 도자기나 유리에 섞으면 어디에서도 볼 수 없는 신비한 파란색을 띠었다. 그래서 '코발트블루'라는 색이 생겼다. 독성이 있는 비소가 섞인 광물도 인기를 끌었다. 코발트나 비소는 광물 속에 다른 물질들과 함께 섞여 있어서, 이것만 추출하려면 기술이 필요했다. 무엇보다 매력적인 것은 코발트나 비소, 비스무트 같은 원소를 추출하기만 하면 은보다 비싼 값에 팔 수 있다는 점이었다. 이런 이유로 19세기 중반 야히모프에는 은을 제련해서 은화를 만드는 공장이 사라지고 값비싼 원소들을 추출하는 공장이 들어섰다.

그런데 이곳 광부들이 아주 싫어하는 광물이 있었다. 은이 더는 나오지 않자 거기에서 시커멓고 기름져 보이는 덩어리들이 나왔다. 나오라는 은은 나오지 않고 기분 나쁘게 생긴 검은 돌이 나오다니, 게다가 그 돌은 다른 돌보다 엄청 무거웠다. 광부들은 쓸데없이 무겁기만 한 이 돌을 근처 숲에 내버렸다. 검고 기름진 돌은 겉모습이 아스팔트 덩어리와 비슷했기 때문에 아스팔트의 원료인 피치를 떠올려 '피치블렌드'라는 이름을 붙였고, 우리말로는 '역청우라늄석'이라고 한다. 이름이야 어찌 되었든 당시 광부들은 이 돌에 엄청난 가치가 있다는 것을 전혀 몰랐다.

1852년에 한 화학자가 피치블렌드를 갈아 유리에 섞으면 초록과 노랑이 섞인 현란하고 신비로운 색이 나온다는 것을 알았다. 물론 사람들은 이 현란한 색이 얼마나 위험한 원소로부터 나오는지 몰랐다. 곧 야히모프에는 피치블렌드를 가공하는 공장이 들어섰다. 검은 돌을 갈아 화학물질로 처리하면 물에 녹지 않는 노란색 가루가 생겼다. 이 가루는 우라늄염을 70~80% 정도 포함하고 있는데, 오늘날 이것은 핵연료가 들어가는 모든 일에 쓰인다. 우라늄염이 포함된 노란 가루는 그 색 때문에 '옐로 케이크'라는 별칭이 생겼다. 물론 이 케이크를 먹으면 큰일 난다.

앙리 베크렐이 마리 퀴리에게 준 우라늄염이 바로 이 옐로 케이크다. 베크렐에게 연구 과제를 받은 마리 퀴리는 남편 피에르 퀴리와 함께 우라늄염을 연구하면서 이 특별한 물질이 아주 효율적으로 빛을 낸다는 사실을 알아냈다. 우라늄염은, 초나 석탄처럼 빛을 내고 사라지는 것이 아니라 빛을 내면서도 외형을 그대로 유지했다. 무게도 거의 줄어들지 않았다. 그러나 퀴리 부부는 어떤 과정으로 그 빛이 나오는지 알 수 없었다. 마리 퀴리를 포함한 과학자들이 우라늄염의 빛에 대한 궁금증을 풀려면 아인슈타인이 특수상대성이론을 정립할 때까지 10년 이상 기다려야만 했다.

퀴리 부부는 우라늄염에 관해 연구하다가 우라늄이 아닌 다른 물질이 섞여 더욱 강한 빛을 낸다는 사실을 알게 되었다. 우라늄만으로는 그 강력한 빛을 다 설명할 수 없었기 때문이다. 무언가 더 강력한 방사성원소가 있는 것이 분명했다. 그들은 이 사실을 증명하기 위해 피치블렌드를 가는 일부터 새로 해야 한다는 것을 깨달았다. 퀴리 부부는 우라늄이 아닌 다른 방사성원

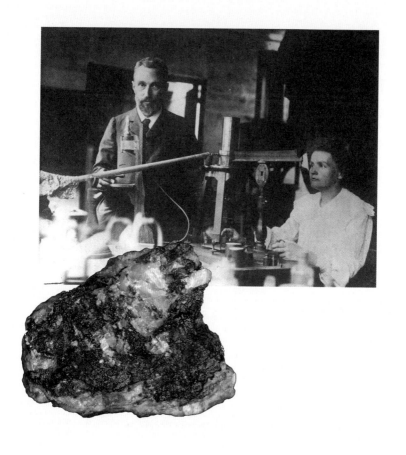

퀴리 부부와 우라니나이트

작업실에 있는 퀴리 부부. 사실 이들은 이렇게 점잖은 모습으로 일하지 않았다. 방사성물질
이 인간 앞에 제 모습을 드러낸 것은 몸과 머리를 함께 움직여 연구한 이 두 사람 덕분이다.
검은 돌은 퀴리 부부가 지겹도록 부수고 거른 우라니나이트다.

소의 양을 대략 짐작하고 있었기 때문에 자신들이 얼마나 많은 피치블렌드를 부숴야 하는지도 알고 있었다. 그 양은 대략 수십 톤이었고, 그 많은 양의 피치블렌드를 얻을 수 있는 곳은 야히모프밖에 없었다. 다행스럽게도 그곳의 광부들은 도자기에 쓸 것 말고는 여전히 피치블렌드를 숲 속에 쌓아 둔 채 신경도 쓰지 않아서 아주 헐값에 검은 돌덩어리들을 손에 넣을 수 있었다.

퀴리 부부의 작업실 마당에 피치블렌드가 담긴 자루가 배달되어 온 순간부터 그들이 한 고생은 이루 말할 수가 없다. 돌을 갈고 화학 처리를 하고 끓이는 고생스러운 과정을 모두 손으로 했다. 그 결과 우라늄 옆에 숨어 있던 라듐을 찾아낼 수 있었다. 퀴리 부부가 수작업으로 한 이 일이 얼마나 고생스러웠는지를 알려면 몇 가지 숫자들을 보면 된다.

그들은 피치블렌드 7t을 갈고 처리해서 라듐 1g을 얻었다!

사람들은 퀴리 부부가 폴로늄과 라듐을 발견한 공로로 베크렐과 함께 1903년 노벨 물리학상을 받았다고 하지만, 이 말만으로는 충분하지 않다. 퀴리 부부에게 노벨상은 그들의 지적 활동뿐만 아니라 그 결과물을 얻기 위해 해야 했던 고된 육체노동의 대가였다.

땅속에서 캐낸 돌 속에 스스로, 그것도 에너지가 강한 빛을 내는 방사성원소가 들어 있다는 사실은 많은 과학자들에게 영감을 불어넣었다. 그 많은 과학자 가운데 어니스트 러더퍼드가 있었다. 러더퍼드는 톰슨의 추천으로 캐나다에 있는 맥길 대학 교수가 되었고, 그곳에서 동료와 함께 지구 내부에 있는 암석 속에는 방사성원소가 함유되어 있고 지구 내부의 열원이 바로 방사성원소라는 점을 밝혔다. 지구는 푸리에 시대 사람들의 믿음처럼 이 세상에 생긴 이후 줄곧 식기만 한 것이 아니었다. 지구는 방사성물질이라는 난로를 품고 있었다.

한편 러더퍼드는 방사성원소가 빛을 낸 뒤 납으로 변한다는 사실에 주목했다. 이것은 정말 놀라운 현상이었다. 아무도 손을 대지 않았는데 우라늄, 폴로늄, 라듐은 빛을 내고 그냥 납으로 변한다. 이것이야말로 마술 같은 일이고 불과 몇십 년 전까지 유럽 사회에 유행하던 연금술이 아닌가. 비록 만들어지는 것이 금이 아니라 납이지만 말이다. 러더퍼드의 발표를 들은 사람들은 비웃느라 정신이 없었다.

러더퍼드는 방사성원소로 이루어진 덩어리의 절반이 납으로 변하는 데 아주 오랜 시간이 걸린다는 사실을 알았다. 한발 더 나아가 이 시간은 아주 정확해서 시계로 사용할 수 있다는 사실도 알았다. 그는 이것을 반감기라고 불렀다. 이것은 획기적인 발견이다. 지금 남아 있는 방사성물질의 양과 납의 양, 방사성물질의 반감기를 안다면 암석의 나이를 계산할 수 있고, 이 개

넘을 지구의 나이를 결정하는 데도 이용할 수 있다. 지구는 스스로 작동하는 아주 정확한 시계를 가진 것이다. 이 시계는 지금도 째깍거리며 가고 있다.

러더퍼드는 퀴리 부부가 광산에서 얻어 온 것과 같은 우라니나이트를 연구해 이 돌덩어리의 나이가 7억 년이라는 사실을 밝혀냈다. 그것은 그때까지 나온 지구의 나이보다 단연 많았다.

러더퍼드는 1904년 왕립 연구소에서 방사성원소의 반감기에 대해 발표하면서 지구 내부에는 방사성원소라는 열원이 있으므로 지구의 나이를 계산할 때 꼭 고려해야 한다고 주장했다. 그 자리에는 지구의 나이는 2400만 년을 넘지 않는다고 고집스

러더퍼드, 자네 뭐하는 건가?

선생님, 땅속에 천연 시계가 있어요.

러더퍼드

럽게 주장하던 스승 톰슨이 있었다. 러더퍼드는 톰슨의 지위와 그가 자신의 스승이었다는 점을 감안해, 켈빈 경은 '새로운 열 원이 발견되지 않는다면'이라는 단서를 달아 지구의 나이를 측정했다고 말해서 톰슨의 위신을 세워 주었다. 그러나 톰슨은 죽을 때까지 러더퍼드의 '7억 년'을 받아들이지 않았다. 톰슨이 그러거나 말거나 지구의 나이가 2400만 년이 아닌 것은 이제 아주 당연한 사실이 되었다. 그리고 지구의 나이가 억 년대로 훌쩍 뛰어넘었으니 그 숫자가 얼마나 더 늘어날지 지켜보자는 분위기가 생겨났다.

15

꿋꿋한 패터슨, 지구의 나이를 결정하다

　　19세기 말부터 20세기 초까지 대중에게 가장 인기 있는 과학의 주제는 방사능과 지구의 나이였다. 방사성원소의 존재가 세상에 알려지자 이 물질이 위험하기 짝이 없다는 사실을 모른 채 사람들은 의약품, 미용 재료, 그리고 시계가 밤에 보이도록 숫자를 쓰는 도료에도 섞을 정도로 광범하게 사용했다. 방사성동위원소의 위험이 알려져 아무나 다룰 수 없게 된 것은 몇 십 년이 지난 뒤고, 라듐과 폴로늄을 발견해 노벨상을 받은 마리 퀴리조차 이 원소들이 내놓는 빛이 자신에게 무슨 일을 했는지 몰랐다. 라듐을 크림에 섞어 발라 피부를 젊게 만들어 주던 미용

실 관계자들은 고객들이 피부암에 걸리는 것을 몰랐고, 라듐이 섞인 물감으로 시계에 숫자를 써넣던 직공들은 붓에 침을 바르며 일했기 때문에 혀암에 걸렸고, 마리 퀴리는 백혈병에 걸려 시름시름 앓다가 죽었다. 퀴리 부부가 쓰던 노트와 각종 장비들에 가이거 계수기를 들이대면 아직도 딸까닥 하고 방사선이 나온다는 표시를 하기 때문에, 과학사에 길이 남을 퀴리 부부의 유물을 보려면 방사선을 막아 주는 보호복을 입고 납으로 만든 상자의 뚜껑을 힘껏 열어야 한다.

일반인들이 무시무시한 방사선을 철없이 이용하고 있을 때 버트럼 볼트우드는 암석 속에 든 우라늄 동위원소와 납의 함량을 비교해 그 암석이 있던 지층의 나이를 측정하는 방법을 개발했다. 이것은 기본적으로 러더퍼드가 한 작업과 같았다. 다른 점이 있다면 전보다 훨씬 정교하고 정확해졌다는 점이다. 이제 지구의 나이를 알아내는 방법은 온 지구에 퍼져 있는 표준 지질층에서 암석을 채취해 실험실로 가져온 다음 그 속에 들어 있는 우라늄과 납의 양을 정확히 측정해서 암석의 나이를 정하는 것이다. 그 암석들 가운데 가장 나이가 많은 것이 지구의 나이와 가까울 것이다.

그러나 말이 쉽지 이런 일을 하는 것은 절대 쉽지 않다. 온 지구를 돌아다니며 암석을 구하기도 힘들고, 그것을 하나하나 분석하는 것도 힘들다. 제국주의 시대가 저물면서 모험이 인생 최대의 목표이던 시절은 이미 지나갔고 지구에는 미지의 세계라고 할 곳도 별로 없었다. 사람들은 증기기관차와 자동차처럼 빨리 달리는 운송 기관에 길들어, 힘들고 오래 걸리는 탐사 여행 같은 것은 하려고 하지 않았다. 무엇보다 화려하던 지질학의 시대가 막을 내리고 있었다. 사람들의 관심은 원자, 방사성물질, 파동, 상대성이론 같은 물리학 쪽으로 옮겨 가고 있었다. 지구의 나이는 아직 밝혀지지 않았지만 그 일에 달려드는 사람이 없었다. 그래도 다행인 것은 지질학자 아서 홈스가 지구의 나이라는 주제를 붙들고 놓지 않았다는 점이다.

홈스는 방사성원소가 붕괴하면서 납으로 변하는 일이 아주 규칙적으로 일어난다는 사실에 흥미를 느꼈다. 그리고 이 성질을 이용해 지구에 있는 표준 지질층의 연대를 알아낼 수 있을 것이라고 생각했다. 1910년에 갓 스무 살이 된 홈스는 노르웨이에서 가져온 데본기 암석의 나이를 측정해 그것이 3억 7000만 년 전 것임을 증명했다. 그 뒤에도 홈스는 기회가 닿는 대로 표준 지질층의 나이를 알아내려고 애썼으나 마음대로 되지 않았다. 방사성원소의 반감기를 이용해 암석의 나이를 아는 원리에 대해서는 이미 알려져 있었지만 정확도를 높이는 것은 또 다른 문제였기 때문이다. 기술이 발전하려면 아직 수십 년을 더 기다려야 했다. 더구나 지구의 나이를 제대로 알려면 우주로 눈을 돌릴 필요가 있었다.

1948년에 시카고 대학 박사과정에 있던 클레어 패터슨은 지도 교수로부터 박사 학위 과제를 받았는데, 그것이 바로 지구의 나이를 측정하는 것이었다. 기본적인 생각은 러더퍼드와 홈스의 아이디어를 그대로 이어받아 암석 속에 들어 있는 우라늄의 양과 납의 양을 정확히 측정해 암석의 나이를 결정하면 된다. 지도 교수는 이 일이 그리 어렵지 않으며 시간 또한 많이 걸리지 않을 것이라고 패터슨을 꼬드겼다.

하지만 지도 교수의 감언이설과는 달리 패터슨은 연구를 시작하자마자 큰 문제에 부닥쳤다. 지구의 나이를 알려면 지구에서 가장 오래된 암석을 구해야 한다. 그걸 어디에서 구한단 말인가? 표준 지질층에 대해서는 19세기와 20세기 초 땀을 흘리며 연대를 측정한 선배들 덕에 각 층의 나이를 대략 알고 있었다. 그러나 지구의 나이를 알려면 그것들보다 더 오래된 암석을 찾아야 했다. 그런데 이상하게도 그동안 측정한 자료에 따르면, 지표에 있는 암석 중 젊은 것들은 많아도 나이 든 암석은 좀처럼 찾아보기 힘들었다. 이때만 해도 대륙이 판을 이루고 있어서 오래된 땅은 다시 지하 세계로 돌아간다는 사실을 몰랐기 때문에 패터슨은 암석의 나이를 측정하는 실험은 고사하고 연구를 시작조차 할 수 없는 상황이었다.

패터슨은 머리를 싸매고 아이디어를 냈다. 궁리 끝에 그는 이 문제를 해결하려면 우주로 눈을 돌려야 한다는 사실을 깨달았다. 우주에서 지구로 떨어지는 운석, 그것이 해답이 될 수 있다고 생각했다. 그 까닭은 이렇다. 운석은 태양계를 떠도는 덩어리들이 지구로 떨어진 것이다. 태양계를 떠도는 덩어리라면, 크게는 행성 작게는 위성과 소행성·혜성·기타 등 이도 저도 아닌 부스러기들이 있을 것이다. 그런데 이것들은 모두 태양계가 처음 만들어질 때 동시에 생겼다. 따라서 지구 대기로 돌진해 불타다 남은 덩어리인 운석은 지구가 처음 만들어졌을 때 생긴 암석

저거, 저거, 지구랑 동갑일 거야.

이라고 볼 수 있다. 패터슨은 이런 과감한 가정을 한 뒤 실험에 쓸 운석을 찾아 헤맸다.

훗날 패터슨의 가정은 아주 옳았다는 평가를 받지만 당시로서는 상당히 무모한 도전이었다. 패터슨은 애리조나주 나바호 인디언 보호 구역에 있는 유명한 캐니언 디아블로 운석을 시료로 삼기로 했다. 운석을 구했으니 이제 실험을 하면 된다. 그러나 또 다른 문제가 기다리고 있었다. 이상하게도 시험적으로 실험할 때마다 납의 함량이 너무 많이 나왔다. 패터슨은 공기 중에 있던 납이 시료를 오염한다고 판단해서 제대로 된 실험을 하려면 청정 실험실이 필요하다고 생각했다. 1953년에 패터슨은 청정 실험실에서 자른, 그래서 공기 중에 있는 납으로 오염되지 않은 작은 운석 조각을 들고 아르곤국립연구소를 찾아갔다. 드디어 태양계 초기부터 그 속에 갇혀 있던 우라늄과 납의 양을 측정하는 실험을 했다.

실험 결과는 놀라웠다. 지구의 나이는 45억 5000만 년으로 7000만 년의 오차 범위 내에 있었다. 에드먼드 핼리가 바다에 있는 소금의 양을 측정해 지구의 나이를 재려고 시도한 지 200년 만에 지구의 나이가 결정되었다. 패터슨의 노력 이후 과학자들은 서로 다른 운석을 이용해 지구의 나이를 새롭게 측정했는데, 45억 5800만 년과 45억 6400만 년 등 패터슨의 값과 크게 다르지 않다.

　패터슨이 결정한 나이는 태양의 수명을 계산해 낸 천문학자들 덕분에 더욱 신뢰를 얻게 되었다. 태양이 수소를 원료로 찬란하게 타오르고 있다는 사실이 알려진 뒤 천문학자들은 태양에 있는 수소가 얼마나 탔는지, 앞으로 얼마나 탈 수 있을지 계산했다. 그랬더니 태양은 태어난 지 50억 년 가까이 되었고 앞으로도 50억 년을 더 살 수 있다는 결과가 나왔다. 지구의 나이는 태양보다 많을 수 없으므로 패터슨의 45억 5000만 년은 아주 믿을 만한 값이다.

　사실 패터슨의 이름이 대중에게 더 잘 알려지게 된 것은 다른 일 때문이다. 패터슨은 왜 실험을 방해할 정도로 공기 중에 납이 많은지 궁금했다. 이는 과학자가 갖는 아주 순수한 호기심으로, 진정한 과학자라면 패터슨처럼 늘상 '왜'라는 질문을 품고 있어야 한다. 패터슨은 자동차 배기가스로 배출되는 납을 의심했다. 당시 정유 회사에서는 원유를 정제하는 과정에 납을 넣은 유연휘발유를 생산해 소비자들에게 공급했다. 유연휘발유는 자동차 연료통에 들어갔고, 자동차 모터 안에서 연소하면서 공기 중으로 납을 날려 보낸 것이다.

　이런 사실을 증명하려면 유연휘발유를 쓰는 자동차가 대중화되기 전인 20세기 초반을 기준으로 그전에는 공기 중에 납

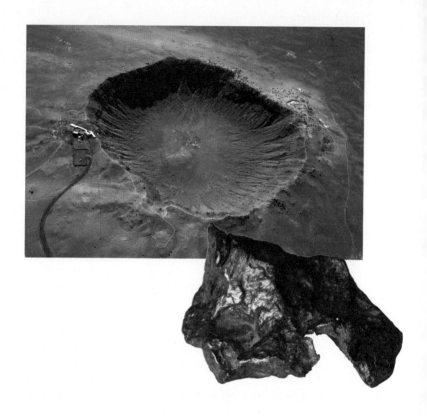

캐니언 디아블로 운석공과 운석

애리조나 사막 한가운데에 운석이 떨어져 생긴 운석공과 운석. 운석은 작은 소행성 또는 미행성체가 지구의 중력에 이끌려 지구로 떨어진 것이다. 이 작은 우주 암석 덩어리는 태양계가 생길 때 거의 같이 생겼을 것으로 본다. 따라서 운석을 연구하는 것은 태양계 형성 초기의 물질을 연구하는 것과 같다.

이 거의 없었으나 그 뒤에는 엄청나게 늘어났다는 사실을 증명해야 한다. 타임머신을 타고 과거로 돌아가 공기를 채취할 수도 없는데 가설을 어떻게 증명할 수 있을까? 패터슨은 이 게임에서 이기려면 20세기 초반에 지구에 있던 공기를 구해야 한다는 점을 잘 알고 있었다. 번뜩이는 아이디어를 낸 적이 있는 패터슨은 이번에도 해냈다. 지구의 나이를 재기 위해 운석을 떠올린 패터슨이 이번에는 그린란드에 있는 얼음을 떠올린 것이다.

빙하는 눈이 오랜 세월 쌓이고 눌려 만들어진 것으로 나이테처럼 겨울에 내린 눈 층과 여름에 내린 눈 층을 구별할 수 있다. 무엇보다 흥미로운 것은 눈이 내리면서 공기 중에 있던 분자들을 빗자루로 쓸어내리듯이 품고 내려온다는 점이다. 그리고 그 눈은 차곡차곡 쌓인다. 그러니 빙하는 눈이 내리던 해의 대기 상태를 그대로 간직한 타임캡슐인 셈이다.

패터슨은 시추선에서 쓰는 것과 같은 둥근 파이프를 박고 긴 원기둥 모양의 얼음을 채취했다. 이 얼음 기둥의 아래쪽은 먼 과거의 눈이 쌓이고 눌려 생긴 것이고 위로 올라갈수록 현재의 것에 가깝다. 패터슨은 얼음 기둥에 나이테처럼 늘어서 있는 빙하 한 층 한 층을 얇게 잘라 녹인 뒤 그 속에 들어 있는 납의 양을 측정했다. 물론 현재로부터 거슬러 올라가 각 층의 연도를 기록하는 것도 잊지 않았다. 그랬더니 1923년 전에는 공기 중에 납이 거의 없었지만, 그 이후에는 납이 점차 늘어나 패터슨이 연구하던 시기에 이르면 숨을 쉴 때마다 독극물을 들이마시는 수준으로 위험한 양이 들어 있었다. 이 납은 유연휘발유가 탈 때 나오는 자동차 배기가스에서 온 것이 분명했다.

패터슨은 이 사실을 세상에 알리고 정유 회사가 휘발유를 만들 때 납을 첨가하지 못하도록 해야 한다고 주장했다. 미국 정유 회사 에틸 사는 정계, 재계 유력 인사들의 인맥을 동원해 패터슨의 연구비를 깎고 대학에서 쫓아내라고 종용했다. 그럼에도 패터슨이 끈질기게 버틴 끝에 1970년에는 유연휘발유를 쓰는 것이 법으로 금지되었고, 이제는 거의 모든 나라가 자동차에 납이 들어가지 않은 무연휘발유를 쓴다. 공기 중의 납 농도는 점차 줄어드는 추세지만, 납은 다양한 공업 활동에 쓰이기 때문에 공기 중으로 방출되는 것을 완전히 막을 수는 없다. 그 결과 오늘날 이 지구에 살고 있는 모든 동물의 혈액에는 100년 전 이 지구에 살던 동물보다 600배 이상 많은 납이 들어 있다. 물론 그 동물에는 우리 인간도 포함된다.

지구의 나이를 찾아라!

레이
John Ray
1627~1705

윌러비
Francis Willughby
1635~1672

의문

지구의 나이는 5600년

HOLY BIBLE

린네
Carl von Linné
1707~1778

수성론

7만 5000년

뷔퐁
Georges-Louis Leclerc de Buffon
1707~1788

쇠구슬 실험

1억 년

퀴비에
Georges Cuvier
1769~1832

푸리에
Joseph Fourier
1768~1830

유체 열전달 이론

허턴
James Hutton
1726~1797

동일과정설

격변설

톰슨
William Thomson
1824~1907

다윈
Charles Darwin
1809~1882

라이엘
Charles Lyell
1797~1875

대화

버클랜드
William Buckland
1784~1856

3억 666만 2400년

《지질학 원론》
(1838)

사제지간

대화

맨텔
Gideon Mantell
1790~1852

퀴리
Marie Curie
1867~1934

러더퍼드
Ernest Rutherford
1871~1937

방사성 동위원소 반감기
7억 년

패터슨
Clair Patterson
1922~1995

운석 연구
46억 년

3부

지구 속은
어떻게
생겼을까?

인간은 지구에 발을 딛고 살면서 대기권을 뚫고 우주로 나가지도 못하고 땅을 뚫고 지구 중심으로 들어가지도 못한다. 그나마 우주는 수십억 광년 떨어진 외부은하라 해도 그곳에서 오는 미약한 빛을 모아 그 은하의 생김새, 질량, 운동 양상 등을 알아볼 수 있다.

그러나 겨우 6400km밖에 안 들어간 지구 중심은 아직 뚫고 들어간 적이 없고 당연히 직접 본 사람도 없다. 지구 내부에 대해서 알아내려면 가끔 일어나는 지진이 지진파에 담아 온 귀중한 정보를 추적해 나가는 수밖에 없다. 열 길 물속은 알아도 한 길 사람 속은 모른다는 옛말이 있다. 우주와 지구를 놓고 보아도 이말은 그대로 들어맞는다. 그럼에도 몇몇 지구인들은 아무도 모르는 지구 속의 비밀을 파헤치려고 무던히 애를 썼다.

그 결과 우리가 딛고 있는 대륙이 알아채지 못할 속도로 아주 천천히 움직이고 있다는 사실을 알아냈다. 지구의 겉모습은 지구가 생긴 이래 한 번도 같지 않았다는 사실도 알아냈다. 우리의 삶이 펼쳐지는 무대가 움직이고 있다는 사실을 발견한 사람들의 이야기를 들어 보자.

16

올덤과 모호로비치치, 지진파의 이야기에 귀 기울이다

솔직히 우리는 지구 속에 대해 아는 것이 거의 없다. 유명한 물리학자 리처드 파인만은 인간이 지구 속보다 태양의 내부 구조에 대해 더 많이 안다고 했다. 그 말이 맞다. 지구 속을 제대로 들여다보려면 파고 들어가는 수밖에 없는데, 땅을 파는 일이 그리 쉽지 않다. 지표는 암석이 풍화 작용을 겪어 비교적 파기 쉽지만 깊이 들어갈수록 단단한 암석이 자리 잡고 있어서 뚫기가 어려운 데다 온도까지 높아져 사람이 견디기 힘들다. 게다가 그런 환경에서 작동할 기계도 맞춤식으로 만들어야만 한다. 100~200m가 아니라 몇 킬로미터씩 파고 들어가려면 천문학적인 돈이 드는데, 힘들게 판 굴에서 금덩어리가 쏟아지지 않는 한 아무도 투자하려 하지 않을 것이다. 이런 어려움 때문에 지금까지 인간이 판 가장 깊은 땅굴은 몇 킬로미터 수준이다. 언뜻 들으면 꽤 깊이 판 것 같지만, 지구의 반지름이 6400km인 것을 생각하면 이건 그냥 스치고 지나간 것이나 다름없다.

사실 지구 중심을 관통하는 굴을 뚫을 수만 있다면 지구 중심까지 가는 것은 전혀 어렵지 않다. 우주선이나 자동차를 닮은 통을 만들어 떨어뜨리기만 하면 지구 중력이 알아서 통을 운반해 주기 때문이다. 연료 없이도 지구 중심으로 가는 데 45분밖에 걸리지 않는다. 사람은 그 통 속에서 엄청난 중력가속도를 견디고 살아남을 가능성이 전혀 없기 때문에, 사람이 중력가속도를 느끼지 못하게 하는 기술을 개발하든가 사람 대신 카메라를 넣어 지구 중심으로 여행을 시키는 것이 좋다. 물론 이 카메라는 고속 촬영을 할 수 있어야 한다. 깊이 들어갈수록 통의 속도가 엄청 빨라져 주변 풍경을 알아보기 힘들기 때문이다. 하지만 조금 전에도 이야기했듯이 인간이 판 땅굴로는 지구 속을 들여다보는 여행을 할 수 없다.

그러나 꼭 직접 봐야 아는 것은 아니다. 지구는 다양한 방법으로 지구 속에 대해 늘 이야기하고 있다. 다만 그 이야기에 쓰인 언어가 인간이 쓰는 언어와 좀 달라 해석하는 데 어려움이 있을 뿐이다. 그런데 사람들 중에는 신기하게도 지구의 언어를 알아듣는 이가 있다. 이런 사람들의 공통점은 호기심이 많고 남이 보기에 무모한 짓을 일삼는다는 것으로, 그 도가 지나칠수록 괴짜라고 하고 다른 말로는 과학자라고 한다. 과학자들 중에서도 지구의 이야기, 특히 지진의 언어에 민감한 사람들을 지구물리학자라고 부른다. 보통 사람에게는 지질학자나 지구물리학자나 별반 다른 일을 하는 것 같지 않지만, 이들은 나름대로 연구 분야에 엄격한 선이 있어서 서로 다른 분야라고 주장한다. 그러나 모든 분야에 두루 능통한 과학자가 있기 마련이다. 이런 사람들이 가끔 일을 낸다. 자, 지진이 어떻게 지구 속을 보여 주는지 그 이야기부터 해 보자.

지진은 지구가 처음 생겼을 때부터 있었고 지금 이 순간에도 지구 어디에선가 일어나고 있다. 지진은 땅이 갈라지거나 내려앉거나 솟아오르기 때문에 일어나는데, 이런 일이 지표에서만 일어나는 것이 아니라 땅속 깊은 곳과 깊은 바다에 잠긴 해저 등 지각 어디에서나 일어난다. 지진의 진동이 처음 일어난 지하의 어느 곳을 진원이라 하고, 진원에서 수직으로 올라와 지표와 만난 곳을 진앙이라고 한다. 만약 지진이 지표에서 일어났다면 바로 그곳이 진앙지가 된다. 땅이 쪼개지거나 갈라질 때 생기는 엄청난 에너지는 땅속으로 퍼져 나가는데, 이것은 지진파라

고 한다. 지진파가 퍼져 나가는 모습은 반구의 지름이 점점 커지
는 모습과 비슷하다.

지진파는 여러 종류가 있는데, 그 가운데 인간이 가장 먼저
알아본 것은 두 가지다. 두 종류의 지진파는 성질이 전혀 달라,
하나는 빠르고 다른 하나는 느리다. 이 때문에 먼 곳에서 지진이
일어나면 지진이 발생한 곳에서 두 지진파가 동시에 생겨 출발
하지만 먼저 도착하는 지진파와 나중에 도착하는 지진파가 있
다. 어디서나 이름은 아주 중요하니까 성질이 다른 이 두 지진파
에 이름을 먼저 붙여 주는 것이 좋겠다.

과학자들은 먼저 도착하는 것은 처음을 뜻하는 영어 프라
이머리(primary)의 첫 글자를 따서 P파, 나중에 도착하는 것은 두
번째를 뜻하는 세컨더리(secondary)의 첫 글자를 따서 S파라고 부
른다. P파는 빠르고 고체와 액체, 기체를 모두 통과할 수 있으며
진행하는 방향으로 밀었다 당기기를 반복하는 스프링 같은 형
태로 전진한다. S파는 느리고 고체만 통과할 수 있는데, 진행 방
향에 대해 수직으로 진동하는 파동을 만든다. 이 모양은 두 사람
이 줄을 잡고 서서 한 사람이 위아래로 흔들면 줄이 출렁거리며
파동이 전진하는 것과 비슷하고, 이 때문에 땅이 위아래로 흔들
린다.

P파는 종횡무진 지구 속 어디든지 통과할 수 있지만 그 피

해가 크지 않은 편이며 고체 속을 달릴 때와 액체 속을 달릴 때의 속도가 달라 매우 복잡한 지진 기록을 만든다. 하지만 이 지진 기록은 복잡한 만큼 많은 이야기를 담고 있어서 지구물리학자들이 땅속의 비밀을 캐는 데 꼭 필요하다. S파는 느리고 확실하게 피해를 주며 은근히 가리는 게 있어서 오로지 고체만을 지나다닌다. 어딘가 음흉한 구석이 있는 S파지만, 나름대로 중요한 정보를 주는 정보원이다. 만약 어디선가 S파가 도달하지 않았다면 진원과 관측소 사이의 땅속 어딘가 고체가 아닌 무엇이 있다는 뜻이기 때문이다. 그것이 액체든 기체든 아니면 알 수 없는 무엇이든 말이다.

지진학자들이 중요하게 생각하는 것은 P파가 도착한 시간과 S파가 도착한 시간의 차이다. 이것을 PS시라고 하는데, 땅속이 어떤 물질로 채워졌느냐에 따라 PS시는 무한정 달라질 수 있다. 지진학자들이 하는 일은 두 종류의 지진파가 만든 암호 같은 지진파를 분석해서 땅속 구조를 예상하고, 그 예상이 맞는지 PS시와 맞추어 보는 것이다. 물론 이 과정은 반대가 될 수도 있다. 그러나 세상 모든 일이 생각대로 풀리지는 않는지라, 이런 작업이 언제나 성공하지는 않는다. P파, S파 말고도 발견자의 이름을 딴 러브파와 레일리파 등 모습을 쉽게 드러내지 않는 이상한 지진파들이 마구 섞여 있기 때문이다. 결국 지진학자들은 좀 더 정교한 지진 감지기를 만들어 이 이상한 파동들을 모두 분리해 내는 데 목표를 둘 수밖에 없었다. 이런 목표를 중국 사람들이 가장 먼저 이루었다.

한나라 때인 132년에 만들어진 지진계는 지름이 2m 가까이 되는 아주 큰 것이었다. 이것의 생김새를 묘사해 보자면, 우선 동으로 만든 커다란 항아리 모양의 통에 용 장식이 여덟 개 붙어 있다. 그런데 재미나게도 용은 머리를 아래로, 꼬리를 위로 둔 채 일정한 간격으로 붙어 있다. 그래서 이 통을 멀리서 보면 세로로 줄이 붙어 있는 것 같다. 용들은 구슬을 하나씩 물고 있는데, 만약 지진이 나면 이 가운데 한 마리 용이 구슬을 놓치고 그 구슬은 용머리 바로 아래에 있는 두꺼비 입으로 들어가도록 되어 있다. 중국 분위기가 물씬 풍기는 이 지진계가 분명히 작동한 적이 있었을 것 같은데 정확히 어떻게 작동하는지는 아직도 알려지지 않고 있다. 그러나 작동법에 관계없이 지진계를 만드는 원리는 하나다. 기록할 종이는 땅에 딱 붙여 놓고, 그 위에 무거운 추를 매다는 것이다. 지진이 일어나면 땅은 흔들리지만 무거운 추는 관성 때문에 흔들리지 않는다. 이 추에는 펜이 달려 있어서 땅이 흔들려 종이가 움직이면 지진파가 기록된다.

현대적인 지진계가 처음으로 개발된 것은 19세기 후반이고, 이때 전 세계 곳곳에 지진계가 설치되었다. 한 곳에서 생긴

고대 중국의 지진계

약 1900년 전 중국의 수학자 장형이 만들었다고 알려진 이 지진계는 지름이 약 2m에 이르는 술독 같은 통에 여덟 마리의 용이 동서남북과 그 사이사이에 늘어서 있고, 지진이 나는 방향의 용이 물고 있던 구슬을 떨어뜨리면 그 아래에 있는 두꺼비의 입으로 떨어지면서 큰 소리가 났다고 한다. 중국 전역에서 장형의 지진계를 축소해서 만든 모형을 찾아볼 수 있다.

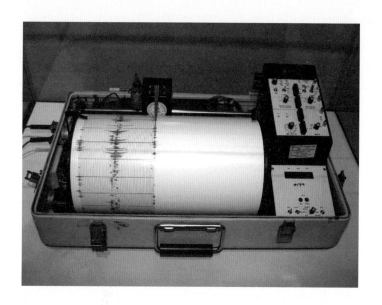

현대의 지진계

지진으로 땅이 흔들리는 정도를 종이에 기록하는 지진계다. 요즘은 펜과 잉크를 이용하는 방법은 거의 없어졌고, 빛의 흔들림을 감지하는 센서를 이용해 지진 강도를 측정하고 그 기록을 바로 컴퓨터에 저장해서 필요한 부분만 불러내 쓴다.

지진파는 사방으로 퍼져 나가기 때문에 여러 곳에서 관측한 지진파 기록이 있어야 지구 내부에 관해 더 사실적인 정보를 얻을 수 있다. 바야흐로 인간이 지진의 언어를 이해할 수 있는 준비가 착착 진행되고 있었다.

1906년에 드디어 지진파를 이해하는 사람이 나타났다. 아일랜드의 지질학자 리처드 올덤이 중앙아메리카에서 일어난 지진파 기록지를 살피다가 이상한 점을 발견했다. 보통 지진파는 진원지에서 구 모양으로 퍼져 나간다. 이때 우리가 생각해야 할 것은 지진파가 땅과 수평으로 퍼져 나갈 뿐 아니라 땅속으로도 퍼져 나간다는 사실이다. 우리가 사는 세상이 3차원이니 지진도 입체적으로 생각해야 한다. 진원지에서 출발한 지진파는 땅 위를 타고 가는 것, 땅속으로 비스듬히 들어갔다 호를 그리며 다시 위로 나오는 것, 더 깊이 들어갔다 훨씬 나중에 나오는 것 등이 여러 경로를 거쳐 관측소에 도달한다. 그러나 어떤 경우든 P파나 S파의 속력이 알려져 있기 때문에 진앙지와 관측소 사이의 거리가 알려지면 어느 정도 시간이 지나야 관측소에 도착하는지 가늠할 수가 있다.

그런데 이상한 일이 생겼다. P파가 예상보다 일찍 관측소에 도착한 것이다. 이 지진파는 어떻게 빨리 갈 수 있었을까? 올덤은 고민 끝에 지구 내부에 어떤 물질이 장벽을 이루고 있어서 지진파를 반사할 뿐만 아니라 그 장벽을 타고 흐르는 지진파의 속력을 더 빠르게 한다는 결론을 내렸다. 지구 속이 바나나 속처럼 균일하지는 않은 것이다.

이와 같은 발견을 한 사람이 또 있다. 크로아티아의 지진학자 안드리아 모호로비치치가 크로아티아의 수도인 자그레브에 지진파 관측소를 만들었는데, 당시 유럽에서 가장 현대적인 시설을 갖춘 곳이었다. 그는 1908년 쿨파 계곡에서 일어난 지진의 지진파를 자그레브에 있는 첨단 관측소에서 잡았다. 그런데 이 지진파에서 이상한 점을 발견했다. 이 지진파도 예상보다 빨리 도착한 것이다. 모호로비치치는 계곡에서 출발한 지진파가 땅속 어디선가 반사되어 나온 것이 분명하다는 사실을 알아냈다. 이 반사층은 올덤이 발견한 것보다 훨씬 얕은 곳에 있었다.

지진학자들은 우리가 딛고 있는 지각이라는 땅이 단단하게 식은 거대한 암석 덩어리이며 평균 두께는 5~35km쯤 된다는 것과 그 아래에는 뜨거운 열기를 간직한 맨틀이 자리 잡고 있다는 사실을 알아냈다. 지각은 대륙을 이루는 대륙지각과 바다 밑바닥을 이루는 해양지각으로 나뉘는데, 성분이 서로 약간 달라도 지구를 단단하게 싸고 있다는 점은 같다. 맨틀은 2000~3000℃의 뜨거운 물질로 지각을 이루는 암석이 한데 엉켜 녹아 있는 상태와 비슷하다. 벌겋게 달아오른 고체도 아니고 액체도 아닌 상태로 아주 천천히 흐른다. 지각과 맨틀은 경계가 뚜렷해 지진파가 반사되거나 그 경계면을 타고 흐른다. 모호로비치치가 발견한 것이 바로 지각과 맨틀의 경계선이었다. 지금은 이 경계선을 모호로비치치 불연속면이라 부르고, 줄여서 모호면이라고도 한다.

그리고 올덤이 발견한 것은 맨틀 아래에 있는 또 다른 물질이 만들어 낸 장벽이다. 과학자들은 그것을 핵이라고 부르기로 했다. 올덤 뒤에 베노 구텐베르크가 지진파를 더욱 정밀하게 분석해 지표에서 2900km 들어간 부분에 맨틀과는 다른 물질로서 밀도가 더 높고 더 뜨거운 핵이 있다는 사실을 명확하게 밝혔다. 핵과 맨틀의 경계면은 구텐베르크 불연속면이라고 부른다. 핵이 하나가 아니라는 사실을 그때 알았다면 맨틀 아래에 있는 무엇인가는 다른 이름을 가졌을지도 모른다. 그러나 20세기 초반에는 지구에 핵이 두 부분으로 나뉘어 있다는 것을 몰랐기에 그것을 그냥 핵이라고 불렀다.

약 500년 전 콜럼버스를 포함한 많은 탐험가들이 돛단배를 타고 바다를 누비며 지도를 만들었다. 이들이 지도를 만든 목적은 식민지로 삼을 만한 땅을 찾기 위해 사전 조사를 하는 것이었지만, 어쨌든 이때 아시아·유럽·아프리카의 지도가 비교적 자세하게 작성되었다. 아메리카 대륙을 발견한 뒤에는 남북아메리카 지도도 열심히 만들었는데, 그것도 유럽인들이 몰랐던 세계에 대한 순수한 호기심 때문이기보다는 좀 더 효율적으로 남의 땅을 빼앗기 위해서였다. 그런데 이 지도를 보고 제국주의자들의 희망과 상관없이 순수한 과학적 호기심을 품는 사람들이 나타났다. 그들은 이렇게 물었다.

'왜 아프리카 서해안과 남아메리카 동부 해안선의 모양이 딱 맞아떨어질까? 유럽과 아프리카 서부 해안선을 남북아메리카 동부 해안선으로 옮겨 놓으면 대륙이 하나가 되지 않을까?'

이런 의문은 오늘날 세계지도를 바라보는 현대인들도 가질 수 있다. 지도를 오려 맞추면 아메리카 대륙과 아프리카–유럽

P파와 S파의 이야기를 잘 들어야 한다고.

대륙은 퍼즐처럼 잘 들어맞는다.

콜럼버스의 탐험 이후 19세기가 될 때까지 땅은 지구에 고정되어 절대 움직이지 않는다고 생각했기 때문에 이 순수한 호기심에 대한 답은 도저히 찾을 수 없었다. 왜 대륙의 해안선이 들어맞는지 알려면 대륙은 움직이지 않는다는 고정관념을 깨야 했지만 몇백 년 전이나 지금이나 땅이 뜨거운 맨틀 위에 떠서 천천히 움직인다는 생각은 좀처럼 하기 힘들다. 아무도 그것을 실제로 보거나 느낄 수 없으니 말이다.

이런 가운데 1912년에 아주 놀라운 주장을 하는 사람이 나타났다. 그는 과감하게 대륙이 움직인다고 했다. 그러나 지질학자들은 그 말을 도통 들으려고 하지 않았다. 대륙이 움직인다는 생각 자체가 파격적인 데다, 이런 말도 안 되는 주장을 하는 사람이 지질학자도 아닌 천문학 박사 학위를 받은 기상학자였기 때문이다. 그의 이름은 알프레트 베게너다.

17

아웃사이더 베게너, 대륙 이동을 부르짖다

모호로비치치가 맨틀과 지각의 경계선을 찾은 다음 해인 1910년에 독일의 기상학자 베게너는 대륙의 해안선에 대해 생각하다 대륙은 한때 한 덩어리였다는 가정을 하게 되었다. 오래전 대륙이 한 덩어리였다면 오늘날과 같이 여러 대륙으로 조각날 수 있는 방법은 오직 하나, 대륙이 움직여야만 했다. 물론 대륙은 인간이 알아차릴 수 없을 만큼 천천히 움직여야 한다.

베게너는 전공 분야를 초월한 놀라운 자료 조사를 바탕으로 3억 년 전 대륙은 모두 모여 하나였음이 분명하다고 확신했다. 그는 그 초대륙의 이름을 '지구 전체'라는 뜻으로 판게아라고 지었다. 3억 년 전이라면 지구에 파충류와 곤충이 살고 나중에 석탄이 될 거대한 나무들이 방대한 숲을 이루고 있을 때다.

요즘은 누구나 대륙이 이동한다는 사실을 받아들이는 분위기지만 20세기 초에는 베게너가 대륙이 움직인다고 주장하며 사람들을 설득하는 데 아주 많은 증거가 필요했다. 물론 사람들은 증거를 코밑에 들이대도 알아듣지 못했지만 말이다. 자, 그럼 그 증거들을 따라가 보자.

우선 가장 감각적으로 받아들일 수 있는 증거는 지도에 나타나 있다. 대륙만 오려 모양 맞추기를 하면 얼추 한 덩어리를

만들 수 있다는 사실은 요즘 초등학생들도 다 안다. 베게너는 지도에 나타난 해안선보다 바다 쪽으로 더 이동해 해구를 따라 자르면 대륙이 더 잘 들어맞는다는 것도 알았다.

다음 증거는 화석이었다. 메소사우루스의 화석이 남아메리카 동쪽 해안과 아프리카 서부 해안에서 발견되었는데, 이 파충류는 체구가 아주 작고 담수에서만 사는 종이었기 때문에 거대한 바다인 대서양을 건너 다른 대륙으로 이주하는 것은 불가능했다. 또 다른 파충류인 리스트로사우루스는 아프리카 동부 해안과 인도와 남극에서 발견되었는데, 이 파충류 역시 바다를 건널 수 없는 종이다. 그런데 이 동물들의 화석이 어떻게 같은 지질 시대의 지층 속에서, 하필이면 멀고 먼 바다를 사이에 둔 여러 대륙에서 발견되는 것일까? 베게너는 이 생물들이 살던 시기에는 대륙들이 한데 붙어 생물들이 자유롭게 오갔다는 것밖에 답이 없다고 생각했다.

한참 뒤에 밝혀진 화석에 대한 증거는 또 있다. 글로소프테리스라는 식물은 남아메리카, 아프리카, 인도, 오스트레일리아, 남극에서 동시에 발견되었다. 나무가 수영을 했을 리는 없고 씨앗이 바람을 타고 바다를 건넜다고 생각할 수는 있지만, 고생물학자들이 밝힌 사실로는 글로소프테리스 씨앗은 아주 크고 부서지기 쉬워서 도저히 바람을 타고 바다를 건널 수 없었다. 결국

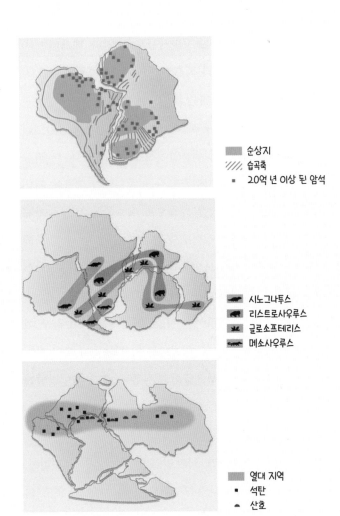

순상지

습곡축

■ 20억 년 이상 된 암석

시노그나투스

리스트로사우루스

글로소프테리스

메소사우루스

열대 지역

■ 석탄

▲ 산호

대륙이동의 증거

베게너가 대륙이 한데 모여 있었다는 사실을 증명하려고 제시한 증거들이다. 지금 보면 더 없이 확실한 이야기이지만 당시에는 거의 모든 지구인이 대륙이동설을 받아들이지 않았다. 첫 번째 그림은 남아메리카 동쪽 해안과 아프리카 서쪽 해안의 지질 구조가 비슷함을 보여 주고, 두 번째 그림은 비슷한 시기의 동식물 화석이 대륙을 넘나들며 존재함을 나타내며, 세 번째 그림은 현재와 다른 고기후대의 흔적을 통해 대륙의 위치가 바뀌었음을 보여 준다.

이 식물이 대륙을 넘나들며 넓게 퍼진 원인은 원래 이들이 한데 모여 있었다는 것밖에 생각할 수 없었다. 베게너는 지도에 이 모든 것을 표시하고 이 화석들이 한데 모여 있었다는 가정하에 짝을 맞추었다. 그랬더니 놀랍게도 모든 대륙이 한 곳으로 모였다.

베게너는 기상학자답게 기상관측망이 확립되기 전 기후인 고기후에서도 증거를 찾으려고 애를 썼다. 그가 관심을 둔 것은 북극 지방에서 발견된 열대식물 화석과 남아프리카에 있는 빙하의 흔적이다. 노르웨이 북쪽 북극해에 위치한 스피츠베르겐에서 열대식물의 화석이 발견되었다. 북극의 차가운 기후에 열대식물이라니!

베게너는 3억 년 전 스피츠베르겐은 적도 근처에 있었기 때문에 날씨가 덥고 맑았을 것이고, 그래서 열대식물의 화석이 나올 수밖에 없다고 생각했다. 남아프리카에는 수천 제곱킬로미터에 이르는 넓은 지역에 거대한 빙하가 긁고 지나간 흔적이 있다. 이는 오늘날 남아프리카는 얼음이 안 생길 정도로 따뜻하지만, 한때 빙하가 생길 정도로 매우 추운 지역이었다는 것을 확실하게 보여 준다. 베게너는 이곳이 한때는 남극에 훨씬 가까워 빙하가 생길 수밖에 없었다고 생각했다. 스피츠베르겐의 날씨와 남아프리카의 날씨가 이렇게 극적으로 바뀐 이유는 두 지역의 날씨가 공교롭게도 급작스럽게, 그것도 반대로 변했기 때문이 아니라 두 대륙의 위치가 바뀌었기 때문이라는 것이 베게너의 결론이었다.

베게너는 1912년 논문을 통해 대륙이 분명히 이동하고 있다는 이론을 발표하고 여러 곳에 강의도 하러 다녔다. 그러나 당시에는 대륙이 이동한다는 주장이 전혀 이목을 끌지 못했다. 오히려 당시 과학자들은 지질학자가 아닌 베게너의 주장을 비웃었다. 제1차 세계대전에 참가해 총탄을 두 번 맞고 건강이 나빠진 베게너는 병가를 내고 쉬는 동안 자신의 논문에 다양한 증거들을 덧붙여 상세하게 설명하는 책을 썼다. 이 책이 바로 1915년에 출간되어 지구과학사에 뚜렷한 획을 그은 《대륙과 대양의 기원(The Origin of Continent and Ocean)》이다. 베게너는 서문에서 이 책을 측지학자, 지구물리학자, 지질학자, 고생물학자, 동물지리학자, 식물지리학자, 고기후학자 모두에게 바친다고 썼다. 이것은 베게너 자신이 대륙이동설을 뒷받침하는 증거를 찾을 때 이 모든 분야의 지식을 총동원했다는 뜻이다. 베게너가 대륙 이동의 증거로 이 모든 분야의 지식들을 아무런 제약 없이 끌어 맞출 수 있었던 것은 아이러니하게도 이 모든 분야에 속한 학자가 아니었기 때문이다. 그는 아웃사이더였기에 나무가 아닌 숲을 볼 수 있었다.

이 책이 출판되자 드디어 세상 사람들이 '대륙이동설'이라는 듣도 보도 못한 이상한 사상에 감염되었다. 지구인 대부분은 대륙이동설을 절대 인정하지 않았는데, 이것은 지구가 우주의 중심이 아니라는 것을 받아들이는 것과 비슷한 강도의 충격으로 다가왔기 때문이다. 미국의 지질학자들은 베게너의 말이 사실이라면 자신들이 그동안 쌓아 놓은 지식을 다 버리고 새로 시작해야 한다며 베게너를 완강히 밀어내려고 했다. 베게너는 가장 존경하던 지질학자인 장인을 비롯해 세상 모든 사람과 대륙이동설을 놓고 싸움을 벌여야 했다. 그의 싸움이 얼마나 힘들었는지는 극소수의 베게너 지지자 가운데 한 사람인 레지널드 데일리의 책 《움직이는 지구(Our Mobile Earth)》의 표지만 봐도 알 수 있다. 그 표지에는 갈릴레이가 종교재판소에서 나오다 한 말이라고 알려진 "Eppur si muove(그래도 그것은 움직인다)"가 인쇄되어 있다.

베게너를 존경할 만한 이유는 여러 가지가 있지만 그중 가장 높이 살 만한 점은, 세상 사람들이 모두 대륙이동설을 인정하지 않는 상황에서도 끊임없이 증거를 수집해 개정판을 내며 꿋꿋하게 버텨 냈다는 사실이다. 1919년에는 증거를 더욱 보강해 개정판을 냈고, 대륙을 움직이는 원동력이 지구 안에 있는 열의 흐름인 대류라는 의견이 나오자 그것을 포함해 1928년에 개정판을 냈으며, 남아프리카와 남아메리카의 고생대·중생대 지질이 놀랄 만큼 유사하다는 지질학적 증거가 나오자 그것을 포함해 1929년에 또다시 개정판을 냈다. 그는 단 한 번도 주눅 들거나 물러서지 않았다.

판을 거듭하면서 베게너는 거대한 산이 만들어지는 원인도 대륙이동설로 설명하려고 했다. 두 대륙이 이동하다 만나면 가장자리가 서로 부딪치면서 접히거나 겹치는 부분이 생기고, 시간이 갈수록 대륙은 서로 밀어붙이기 때문에 거대한 산맥이 생긴다고 주장했다. 베게너는 자신의 생각을 끊임없이 설명하며 지질학자들과 대중을 설득하려고 애썼지만, 불행하게도 무엇이 대륙을 밀고 당기는지 설명할 수 없어서 설득력이 떨어졌다. 당시에는 아무도 대륙 이동의 원인을 설명할 수 없었다.

19세기 말과 20세기 초 지질학자들은 뜨거운 팥죽이 표면부터 식듯이 펄펄 끓던 지구가 거죽부터 식어서 대륙이 생겼고, 지구가 식는 동시에 수축해서 표면에 주름이 생겼는데 그것이 바로 산맥이며 산이라고 여겼다. 그것이 주류 과학자들의 생각이었다. 베게너가 생각하기에 이것은 터무니없었다. 이런 식으로 지구에 산맥이 생겼다면, 바다 위로 드러난 모든 대륙에 골고루 높은 산맥과 산이 있어야 한다. 지구가 식을 때 거의 동시에 산이 생겨야 하니 말이다. 그러나 지상에는 거대한 산이 있는 히말라야 같은 곳이 있는가 하면, 산이라곤 전혀 찾아볼 수 없

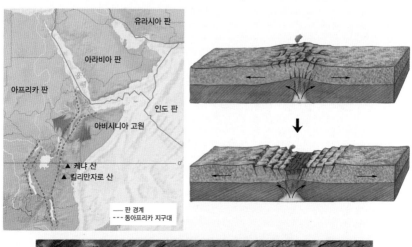

동아프리카 지구대

동아프리카 지구대를 달리 말하면 땅이 양쪽으로 벌어지고 있는 곳, 지각 밑에 있는 맨틀이 지각으로 올라오며 땅을 양방향으로 찢어 놓는 곳이다. 지질학적으로 멀지 않은 시간에 더욱 벌어져 바닷물이 들어오고 이곳에 새로운 바다가 생길 것이다. 아래 사진은 우주에서 케냐의 동아프리카 지구대를 찍은 것으로, 땅이 장조림 찢어지듯 갈라지는 모습이 그대로 드러나 있다.

베게너(왼쪽)의 그린란드 탐사

베게너는 마지막 순간까지 대륙이동설을 증명하기 위한 증거를 수집하러 다녔다. 베게너가
조금 더 오래 살았더라면 대륙이동설은 더 빨리 인정받을 수 있었을까?

는 미국 중부 지역도 있다. 베게너의 생각에 지구가 식으며 산이 생겼다는 이론보다는 자신의 대륙이동설이 훨씬 진실에 가까운 것 같았다.

베게너가 또 관심을 둔 곳은 지구대다. 지구대란 땅에 거대한 틈이 생겨 벌어지는 곳으로, 대표적인 예가 동아프리카 지구대다. 아프리카 동쪽에 있는 에티오피아, 케냐, 탄자니아, 모잠비크는 베게너가 관심을 두던 그 시대는 물론이고 지금도 동서로 쪼개지고 있다. 이것이야말로 땅이 열리는 것을 직접 볼 수 있는 흔치 않은 장소다. 지질학자들의 말에 따르면, 동아프리카 지구대는 '쩍'하고 쪼개진 뒤 그 사이로 바닷물이 들어가 결국 바다가 되고 말 것이라 한다. 정말이지 지구는 '스펙터클'하다!

지금은 베게너의 이론이 옳다는 것이 증명되어 모든 과학 교과서에 베게너의 이름과 함께 대륙이동설이 실려 있지만, 이런 날이 오기까지 베게너는 50년 가까이 기다려야만 했다. 베게너는 자신의 이론이 지구수축설을 밀어내고 새로운 주류로 자리매김하는 모습을 보지 못하고 1930년에 그린란드를 탐사하러 갔다 조난당해 목숨을 잃었다. 당시 나이 50세. 수많은 탐사로 단련된 강인한 육체를 가진 그가 만약 조난을 당하지 않았다면 더 오래 살았을 테고 대륙이동설에 대한 소신을 더 강하게 펴나갈 수 있었을 것이다.

18

여성 지질학자 레만, 핵을 두 층으로 나누다

베게너가 49세에 그린란드로 탐사 여행을 떠난 것은 대륙 이동에 대한 증거를 수집하기 위해서였다. 아쉽게도 그는 그 목적을 달성하지 못하고 50세가 되던 생일에 저세상 사람이 되었다. 하지만 다행스럽게도 베게너의 책을 보며 대륙이동설에 푹 빠진 한 지질학자가 베게너의 가장 취약한 부분을 보충하려고 이리저리 머리를 굴리고 있었다. 그는 방사성동위원소가 붕괴하는 성질을 이용해 데본기 암석층의 나이를 정한 적이 있는 아서 홈스고, 그가 하려는 일은 대륙 이동의 원동력이 무엇인지를 찾는 것이었다.

1930년, 홈스는 자신의 주특기인 방사능 붕괴에 대한 이론을 대륙 이동의 원동력에 결합한 이론을 발표했다. 그는 지구 내부에 방사능 붕괴가 일어나고 있으며 그것 때문에 나오는 막대한 열에너지가 지구 내부에 거대한 대류 현상을 일으킨다고 설명했다. 이 거대한 대류는 베게너가 생각한 판게아를 갈라 쪼갤 수 있을 만큼 대단하기 때문에 판게아가 북으로는 로라시아, 남으로는 곤드와나로 쪼개지게 되었다고 보았다.

그는 대륙이 맨틀에 떠서 이동하는 속도까지 계산했다. 그가 계산한 대류의 이동 속도는 1년에 5cm로, 1억 년이면 대서양의 넓이만큼 벌어지기에 충분한 속도다. 놀라운 점은 80년 전 아주 거칠게 계산한 이 속도가 오늘날 첨단 장비로 측정한 속도와 대강 맞는다는 사실이다. 가정이 올바르면 대략 계산한 값과 최첨단 장비로 계산한 값의 차이가 별로 없다. 소수점 몇 자리 아래가 다를 뿐이다.

방사능 붕괴에 관한 탄탄한 이론으로 무장한 지질학자 홈스의 뒷받침은 기상학자 베게너의 대륙이동설에 힘을 실어 주었다. 홈스는 이 모든 내용을 글래스고 지질학회 보고서에 발표했다. 그러나 홈스의 지원 사격이 있어도 대륙이동설은 지질학계에서 아무런 관심을 받지 못하고 홈스의 논문 뒤로는 이렇다 할 증거를 찾는 작업도 없었다. 이런 가운데 뜻하지 않게 사람들

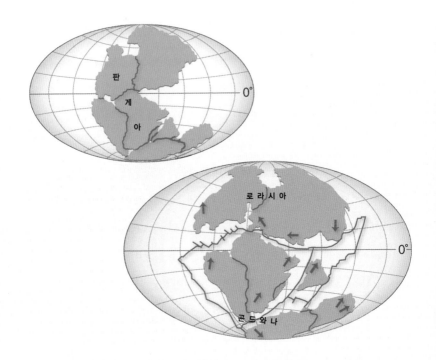

움직이는 대륙

베게너가 주장한 초대륙 판게아와 대륙이 이동하는 모습이다. 판게아는 약 1억 3500만 년 전 로라시아와 곤드와나로 분리되었고, 점점 이동해 지금과 같은 모습으로 되었다. 이제 모든 지구인이 대륙이 움직인다는 것을 믿는다.

의 이목이 지구의 핵으로 쏠렸다. 놀랍게도 지구의 핵이 두 층이라는 사실을 발견했기 때문이다.

핵이 두 층으로 나뉘어 있다는 사실을 알아낸 사람은 덴마크 지질학자 잉게 레만이다. 레만은 덴마크에서 처음 문을 연 성차별이 없는 아주 진보적인 학교에서 고등교육을 받고 대학에서 수학을 공부한 뒤 지질학자가 되었다. 당시 여성으로서는 매우 이례적인 경우였다. 주로 남성 중심으로 움직이던 보수적인 과학 분야에, 그것도 지질학계에 여성이 발을 붙이고 연구하기엔 너무나 힘든 시대였기 때문이다. 레만은 1929년 뉴질랜드에서 일어난 지진의 지진파 기록들을 살피다 아주 이상한 점을 발견했다. 경쾌한 P파가 가기를 꺼리는 지역이 있었던 것이다.

이론적으로 뉴질랜드에서 출발한 지진파는 지표와 지구 속을 동시에 통과해 지구 어디로든 갈 수 있다. 전 세계에 흩어진 지진 관측소에서는 뉴질랜드에 가까운 곳에서 먼 곳 순으로 시간차를 두고 이 지진파들이 관측된다. 레만은 여러 나라에서 기록한 뉴질랜드 지진의 기록을 살펴보았다. 그랬더니 지구에서 뉴질랜드의 반대편에 P파가 별로 잡히지 않는 지역이 있었다. 이 지역은 지도에서 도넛 모양으로 고리를 이루고 있었다. 이것은 뉴질랜드에서 일어난 지진뿐 아니라 지구 어디에서 일어난 지진에도 마찬가지로 적용되었다. 지진파가 거의 도달하지 않는 지역, 레만은 이 지역에 '암영대'라는 이름을 붙였다. P파의 암영대는 진앙지가 어디든 상관없이 진앙지에서 103°에서 142°사이에 있었다.

레만은 암영대의 존재를 설명하기 위해 핵을 두 부분으로 나누고 중심 부분인 내핵은 고체로, 그 윗부분인 외핵은 액체로 설정했다. P파는 맨틀을 통과한 뒤 액체인 외핵에 들어서면 속도가 느려지고 가던 방향으로 못 가며 꺾이고 만다. 전문용어를 쓰자면 굴절되는 것이다. 이렇게 굴절되는 바람에 진원의 반대편에는 P파가 가지 못하는 부분이 생긴다. 암영대가 있다는 것은 지구의 핵이 균질하지 않다는 증거인 셈이다.

정밀한 분석과 계산 끝에 1936년, 지각 아래에 맨틀이 2900km쯤 뻗어 있고 그 아래에는 액체로 된 외핵이 2200km쯤 뻗어 있으며 또 그 아래에는 고체로 된 내핵이 반지름 1300km 크기의 공 모양으로 자리 잡고 있다는 사실을 밝혀냈다. 외핵이 액체이므로 S파는 통과할 수 없어서 아무리 큰 지진이 나도 진앙지 반대편에는 S파가 오지 않는다. 이로써 오늘날 교과서에 핵은 외핵과 내핵으로 분리되어 있다는 사실이 쓰이게 되었다. 땅속에 들어가 보지도 않고 오로지 지진파의 이야기에만 귀를 기울여 이런 사실을 알아낸 레만은 '레만 불연속면'이라는 용어로 자신의 이름을 남겼다. 레만 불연속면은 내핵과 외핵이 나누

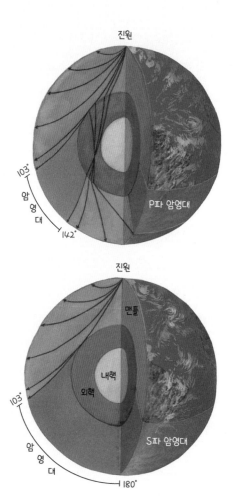

진원

103°

암영대

142°

P파 암영대

진원

맨틀

내핵

외핵

103°

암영대

S파 암영대

180°

암영대

지구 내부에는 P파의 속력이 느려지는 액체로 이루어진 부분이 있다. 그래서 P파가 도달하지 않는 고리 모양의 지역이 생긴다. S파는 이 액체로 이루어진 부분을 아예 통과할 수 없어서, S파가 도달할 수 없는 지역은 더 넓다. 이렇게 지진파가 도달하지 못하는 지역을 암영대라고 한다. 왼쪽은 P파의 암영대, 오른쪽은 S파의 암영대를 보여 준다.

어지는 면을 가리키는 말이다.

레만은 이 책에 소개된 과학자들 중 가장 오래 살아 1993년에 105세로 숨을 거두었다. 레만이 여성 지질학자로서 겪어야만 했던 고생을 간단명료하게 보여 주는 일화가 있다.

어느 날 그녀가 지질학을 연구하는 조카에게 말했다.

"나는 평생 무능한 남자 과학자들과 경쟁하느라 너무 많은 에너지와 시간을 낭비했다."

100년이 지난 지금은 어떨까?

레만이 지구의 핵이 두 층으로 나뉘어 있다는 사실을 알아내는 동안에도 대륙이동설을 뒷받침하는 연구는 진행되지 않았다. 때마침 전 세계에 전쟁의 기운이 감돌고 제2차 세계대전까지 터져 젊은 과학자 대부분은 전장으로 나갔다. 간혹 대륙이동설에 관한 논문이 나오기도 했지만 그리 큰 관심을 끌지 못했다. 잠자던 대륙이동설이 다시 주목을 받기 시작한 것은 바닷속에서 벌어지는 알 수 없는 일 때문이었다.

19

지원군 헤스, 해저확장설을 들고나오다

1948년 컬럼비아 대학 라몬트 지질학 연구소에 마리 타프라는 젊은 여성 지질학자가 들어왔다. 타프는 브루스 히진이라는 지질학자와 함께 제2차 세계대전 동안 군함이 찍은 바다 밑 바닥 사진을 바탕으로 해저 지도를 제작하는 일을 했다. 해군은 잠수함이 다니는 길에 해저산이나 방해물이 있으면 곤란하기 때문에 바다 밑 지형을 파악하려고 바다 밑 사진을 찍었다. 또 적의 잠수함이 숨을 만한 곳을 미리 파악하고 찾아낸다는 목적도 있었다.

깊은 바다 밑은 햇빛이 전혀 닿지 않아 깜깜하기 때문에 음파를 쏘고 그것이 반사되어 되돌아오는 시간을 측정해 바닥의 요철을 파악하는 식으로 사진을 찍었는데, 이런 기술은 일찍이 제1차 세계대전 때 개발되었다. 정부의 전폭적인 지원에 힘입어 대서양 바닥을 훑어서 1930년대에는 해저산맥인 해령이 대서양을 등뼈처럼 남북으로 가로지르고 있으며 아라비아반도와 아프리카 사이에도 자리하고 있다는 것을 알아냈다. 제2차 세계대전이 일어났을 때 바다 밑 음파 탐지 기술은 이미 정점에 올라 있었다. 타프와 히진이 사용하던 사진은 바로 이 음파 탐지 사진이다.

1950년대에 들어서자 좀 더 정확한 해저 지도를 만들기 위해 연구소가 베마호를 대서양에 띄우고 음파 탐지기를 사용해 대서양 바닥을 샅샅이 훑었다. 타프와 히진은 18년 동안 같이 일하며 해저 지도를 완성했는데, 히진은 베마호를 타고 자료를 모으고 타프는 그 자료를 바탕으로 지도를 제작했다. 그런데 흥미롭게도 타프는 이 일을 하는 동안 베마호를 한 번도 타지 않았다. 그녀가 멀미가 심하거나 울렁증이 있어서가 아니라, 배에 여자를 태우면 재수가 없다는 차별 섞인 속설 때문이었다.

이들은 지진파 기록과 다른 탐사선에서 측정한 자료 등을 이용해 1957년 북대서양 해저 지도를 먼저 완성해 출판했다. 그 뒤로도 지도 작업은 계속되어 전 세계 해저 지도가 1977년에 완성되었는데, 여기에는 오스트리아의 화가 하인리히 베란이 그린 멋진 바닷속 그림까지 들어 있어서 일반인에게도 인기가 좋았다. 바닷물을 전부 걷어 내고 바다 밑바닥에 있는 산과 계곡을 그린 그림은 지질학자뿐 아니라 모든 사람의 관심을 끌기에 부족함이 없었다.

1957년에 처음으로 대서양 밑바닥의 모습이 공개되자 지질학자들은 몹시 당황했다. 바다 밑은 그들이 생각하던 것과는 전혀 딴판이었기 때문이다. 지질학자들은 육지에서 비와 바람에 깎인 물질들이 바다 밑에 아무렇게나 쌓여 있을 것이라고 생각했다. 이 퇴적물이 쌓인 시간은 무한대로 볼 수 있으니 퇴적물이 얼마나 쌓여 있을지 알 수 없지만, 여러 근거로 계산한 결과 10km 두께로 쌓여 있으리라는 것이 당시 생각이었다. 그러나 바다 밑은 놀라울 정도로 깔끔해서, 대서양을 동서로 나누는 해령을 뚜렷이 볼 수 있었다. 이제 이 해령이 어떻게 베게너의 대륙이동설을 뒷받침하는 근거가 되는지 그 과정을 따라가 보자.

대서양을 길게 가로지르는 해령이 그려진 지도를 보고 감동해 '해저확장설'이라는 새 이론을 만든 사람은 미국 지질학자 해리 헤스다. 헤스는 바다 밑 지도를 보자마자 베게너의 대륙이동설을 떠올렸다. 그리고 1960년에 베게너만큼이나 도발적인 주장을 했다. 바다 밑바닥이 벌어지고 있다는 것이다. 그의 주장

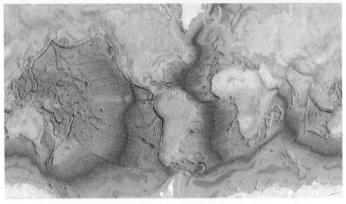

해저 지도

대서양을 채우고 있던 물을 걷어 내자 대서양 바닥이 모습을 드러냈다. 대서양을 가르는 중
앙해령과 그곳을 중심으로 동서로 벌어지고 있는 모습에 사람들은 입을 다물지 못했다. 대
서양이 점점 더 커지고 있음이 분명했고 대륙이동설에 더 많은 힘이 실렸다. 위는 해저 지
도를 만드는 타프의 모습이고, 아래는 베란이 그린 해저 지도다.

은 이랬다. 해령이 있는 곳은 해양지각 아래에 있는 맨틀이 대류 작용으로 올라오는 곳이다. 뜨거운 맨틀이 해양지각을 벌리며 올라오는 바람에 찢어진 틈으로 녹은 맨틀 물질이 솟아오른다. 이것은 화산에서 분출하는 용암과도 같다고 볼 수 있는데, 이 물질이 바닷물을 만나 식으면서 산이 된다. 맨틀의 대류는 끊임없이 계속되므로 해양지각의 틈은 계속 벌어지고 그 속에서 뜨거운 상태의 녹은 물질이 계속 솟아나 새로운 산을 만든다. 따라서 해령은 양쪽으로 밀리며 해령에 가까울수록 생긴 지 얼마 되지 않은 어린 암석이고, 멀수록 생긴 지 오래된 나이 든 암석이다. 이렇게 대서양 바닥은 계속 벌어지고 대서양은 자꾸 넓어진다. 이것이 해저확장설이다.

사실 해령의 존재를 어렴풋이 알게 된 것은 대서양 횡단 케이블을 설치하던 1800년대 중반까지 거슬러 올라간다. 우리는 이 케이블이 자꾸 끊어지는 바람에 톰슨이 공을 세운 일화를 기억하고 있다. 대서양에서 화산이 줄지어 분출하며 바닥이 벌어지고 있으니 케이블이 끊어질 수밖에 없었던 것이다. 베게너도 대서양 바닥에 해저산맥이 있다는 사실을 알고 있었다. 다만 그는 그것을 자신의 대륙이동설에 어떻게 결합해야 하는지를 몰랐다.

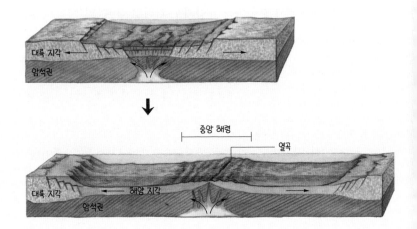

대륙 지각
암석권

중앙 해령
열곡
대륙 지각
해양 지각
암석권

해저확장설

해저화산이 분출하면서 열곡 주변에는 계속 새로운 해양지각이 생긴다. 결국 바다 밑은 더욱 넓어진다. 이를 해저확장설이라 한다.

시간이 흐르면서 헤스의 주장이 사실이라고 밝히는 증거가 하나씩 나타났다. 역시 시간은 많은 것을 해결해 준다. 그중 하나는 베개 용암이다. 지질학자들은 잠수정 앨빈을 해령의 입구인 열곡, 즉 지하의 마그마가 올라오는 입구로서 깊이가 1000m나 되는 V자 모양의 골짜기 근처에 내려보내 바다 밑을 탐사하도록 했다. 이 탐사는 음파 탐지같이 간접적인 탐사가 아니었다. 잠수정에는 사람이 타고 있었고, 탐사원이 바다 밑을 직접 보는 것은 물론이고 밝은 조명을 비춰 사진도 찍었다. 잠수정은 수심 4km쯤 되는 지점에서 아주 이상한 바위를 볼 수 있었다. 울퉁불퉁한 바위가 아니라, 아이스크림을 떠 놓은 듯 윗부분이 편편하고 둥근 바위들이었다. 과학자들은 이 바위가 베개를 닮았다고 해서 베개 용암이라고 부르는데, 잘 지은 이름인지는 솔직히 모르겠다.

이 베개 용암이 만들어지는 과정은 이렇다. 해저에서 화산이 폭발해 용암이 터져 나오면 바로 물을 만난다. 밀가루 반죽이나 말랑말랑한 찰흙을 손에 쥐고 엄지손가락과 검지 사이로 둥글게 빠져나오도록 해 본 적이 있을 텐데, 바다 밑에서 분출하는 용암이 바로 이런 모양으로 거죽부터 식는다. 해저화산에서는 용암이 계속 분출하므로 마치 베개를 닮은 떡을 계속 뽑아내듯 베개 용암이 꿀럭꿀럭 튀어나온다. 헤스의 말이 사실임이 증

베개 용암

바다 밑에서 분출한 용암은 바닷물을 만나자마자 식어 둥근 모양이 된다. 이를 베개 용암이라 한다. 얕은 바다에서 생긴 베개 용암은 물이 빠지면 물 위로 드러나기도 한다. 육지에서 베개 용암이 발견된다면 그곳은 먼 옛날 물속에서 분화한 화산이었다는 증거가 된다. 사진은 지표로 드러난 아이슬란드의 베개 용암이다.

명되었다. 바닷속에도 화산이 있었던 것이다.

그다음으로 알려진 더욱 극적인 증거는 바다 밑에 천연 자석들이 줄지어 누워 있다는 사실이다. 1962년에 헤스는 영국 케임브리지 대학을 방문해 해저확장설에 관해 강의를 했다. 이 대학 학생이던 댄 매켄지와 대학원생이던 프레더릭 바인과 그의 지도 교수 드러먼드 매튜스는 해저 확장 모형이 자신들의 연구 분야인 지구물리학과 결합하기에 아주 좋은 주제라는 것을 알아차렸다. 바로 암석에 새겨진 지구 자기장의 증거를 바다 밑에서 찾는 것이었다.

이 이야기를 듣기 전에 한 가지 알아 둘 사실은 지구 자체가 아주 커다란 자석이고, 그래서 지구 전체에 거대한 자기장이 형성되어 있다는 점이다. 바로 이 자기장 덕분에 우리는 나침반을 들고 북쪽과 남쪽을 구분할 수 있다. 그런데 나침반이 가리키는 방향은 북극성을 중심으로 결정한 지리적 북극점이 아니라 지구에 형성된 자기북극으로, 이 두 점은 상당히 떨어져 있다. 지구의 자기북극과 자기남극은 지리적 북극점과 달리 완전히 바뀌기도 한다. 다시 말해, 얼마 전까지 자기북극이던 곳이 갑자기 자기남극으로 변한다는 뜻이다. 자, 이제 지구 자기장과 해저 확장설이 어떤 관계에 있는지 알아보자.

암석에는 자성을 띠는 물질이 있다. 쉽게 말해, 자석 구실을 하는 입자들이 있다는 뜻이다. 이 암석이 열을 받으면, 자성을 띠는 입자들이 자성을 잃는다. 가열을 멈추고 식히면 자성이 돌아오는데, 자성이 돌아오는 온도는 물질마다 다르다. 이 온도를 피에르 퀴리의 이름을 따 퀴리온도라고 부른다. 화산에서 분출한 용암은 너무나 뜨거워서 자성을 잃은 상태로 육지나 바다에 나온다. 그러다 식어서 퀴리온도에 이르면 자성이 생기면서 지구가 가진 자기장의 방향대로 정렬하게 된다. 뜨거운 마그마는 굳을 당시의 지구 자기 방향을 그대로 품은 채 딱딱한 현무암으로 변한다. 그야말로 천연 나침반인 셈이다. 현무암에 새겨진 천연 나침반은 나중에 자기북극과 자기남극이 바뀌어도 변하지 않고 그대로 있다. 지구는 참 신기한 방법으로 지구 자기의 방향을 알려 주는 셈이다.

여기서 또 한 가지 알아 둘 것은 자기남극과 자기북극은 고정되지 않는다는 사실이다. 지구의 자전축을 기준으로 보는 남극과 북극은 자전축이 바뀌지 않는 한 변하지 않는다. 그러나 지구는 커다란 자석과 같아서 자기북극과 자기남극이 생기고 이 자리는 조금씩 변할 뿐 아니라 양 극이 완전히 뒤바뀌기도 한다. 이것을 땅(地)인 지구의 자기장이 거꾸로 되었다는 뜻에서 '지자기 역전' 현상이라고 하는데, 지구가 생긴 이래 이런 일은 수없이 일어났다. 그러니 암석 속에 든 지구 자기 방향을 잘 조사하면 그 지질 시대에 지자기가 오늘날과 같았는지 뒤바뀌어 있었는지를 알 수 있다. 케임브리지 지구물리학 팀이 관심을 둔 것은 바로 이런 성질이다.

만약 헤스의 해저확장설이 옳다면 해령에서부터 시작해 먼 곳으로 가면서 암석 속에 새겨진 지자기의 흔적을 조사했을 때 지자기 역전 현상이 반복된다는 것을 확인할 수 있을 것이다. 해령이란 바다 깊은 곳에 산맥 모양으로 솟은 지형을 의미한다. 그들은 인도양 북서부에 있는 칼스버그 해령으로 달려갔다. 그리고 조사 끝에 해령과 가까운 곳은 오늘날과 같은 자극을 품고 있었고 그 바로 옆에는 극이 반대 방향으로 바뀐 암석이 있었으며 조금 더 가서는 다시 지금과 같은 방향으로 되어 있다는 것을 알 수 있었다.

그들은 이 사실을 논문으로 써 1963년 9월 《네이처》에 발표했다. 바다 밑바닥에 지구 자기장에 대한 기록이 숨겨져 있다는 놀라운 사실을 밝힌 이 논문은 '바인과 매튜스'라는 별칭으로 잘 알려졌으며 지구과학 논문의 고전 중 하나로 꼽힌다.

1965년 바인은 투조 윌슨과 함께 밴쿠버 섬으로 달려가 후안데푸카 해령의 지자기를 분석했다. 그러고 나서 해저 지도에 오늘날과 같은 방향의 자극은 검은색으로, 반대 방향은 흰색으로 칠했다. 그랬더니 해저 지도에는 해령과 수평하게 남북 방향

으로 줄이 그어져 마치 바코드처럼 보였다. 더욱 흥미로운 것은 해령을 중심으로 양쪽의 지자기 방향이 거울로 보는 것처럼 완전히 대칭이었다는 점이다. 이것은 헤스의 생각대로 해령에서 양쪽으로 뿜어져 나온 용암이 바다 밑을 대칭으로 찢으며 넓히고 있다는 것을 훌륭하게 증명해 주었다.

요즘은 지자기에 대한 이해가 넓어져 이렇게 몇 줄로 요약해 설명할 수 있지만 당시 바인, 매튜스, 윌슨은 사람들에게 자신의 이론을 설명하고 방어하느라 엄청난 에너지를 쏟아야 했다. 더군다나 바다 밑 암석을 잘라 오려면 돈이 많이 들기 때문에 연구비를 마련하는 것도 큰 문제였다. 그러나 모든 바다 밑에서 지자기 역전 현상에 대한 증거가 쏟아져 나왔고 얼마 지나지 않아 이것은 정설이 되어 모든 지질학 교과서에 실리게 되었다.

해저확장설을 확고하게 만든 마지막 한 방은 바다 밑 암석의 나이다. 1968년 글로마챌린저호가 바다 밑에서 암석을 채취하려고 항해를 시작했다. 이 배는 바다 밑에 구멍을 뚫어 암석을 채취하기 위해 특수 제작된 탐사선으로, 남아메리카와 아프리카 사이에 있는 바다 밑 암석의 나이를 결정하는 것이 탐사 목적이었다. 탐사 결과 해령에 가까운 암석일수록 나이가 어리고 해령에서 멀리 떨어질수록 암석의 나이가 점차 많아지는 것을 알 수 있었다. 이것은 헤스가 내놓은 해저확장설의 또 다른 증거가 되었고, 베게너의 말대로 대륙이 어떻게든 움직이는 것이 확실하다는 증거가 되었다. 대륙이동설은 이렇게 잠에서 깨어났다.

지금까지 알려진 바다 밑 암석 가운데 가장 오래된 것은 1억 9000년 된 것으로 쥐라기에 만들어졌다. 그런데 이보다 더 오래된 암석은 왜 발견되지 않을까? 오래전 베게너가 주장한 대로 해령에서 태어나 반대쪽으로 밀려가는 바다 밑 암석들은 바다와 대륙이 만나는 지점에 있는 해구로 말려들어 맨틀로 돌아가 바다에서 사라지기 때문이다. 해양지각은 평균 수천만 년을 주기로 맨틀에서 올라왔다 다시 맨틀로 돌아간다. 해양지각이 맨틀로 돌아갈 때는 대륙지각 밑을 파고들면서 해구를 만든다. 또 본의 아니게 대륙지각을 들어 올리기도 하는데, 이렇게 생긴 섬이 일본이다. 해구에서는 바다에서 온 암석과 대륙이 끊임없이 마찰을 일으키기 때문에, 일본에서 지진이 끊이지 않고 화산활동이 활발하며 그 덕에 지하수가 끓어올라 온천이 많다. 태평양 주변에만 20개에 이르는 깊은 해구가 있고, 해구 주변에는 어김없이 지진과 화산 활동이 일어난다.

증거들이 이렇게 차곡차곡 쌓이자 사람들은 해저확장설과 대륙이동설을 외면할 수 없었다. 그러나 받아들이지는 않았다. 갈릴레이와 뉴턴이 설명한 관성이란 물체의 운동에만 적용되는 것이 아니라 인간의 사고에도 그대로 작용한다. 땅이 움직이지 않는다는 믿음에 대한 관성이 깨지려면 좀 더 강력한 뭔가가 필요했다. 대륙이동설의 명맥을 이어 가던 지질학자들과 지구물리학자들이 심혈을 기울여 들고나온 다음 무기는 판구조론이다.

20

마침내 판구조론 등장!

헤스의 해저확장설 강의를 감명 깊게 들은 케임브리지 학부생 댄 매켄지는 박사 학위를 받은 뒤 1967년에 동료 로버트 파커와 함께 《네이처》에 논문을 한 편 실었다. 이 논문에서 두 사람은 대륙이동설과 해저확장설의 증거를 연결하며 처음으로 '판구조론'이라는 말을 썼다. 지구라는 구 위에 놓여 있는 조각인 판들이 평면이 아닌 구의 표면을 움직이는 과정을 오일러의 정리를 이용해 풀며 그들이 실례로 든 것은 태평양판이다. 판구조론이라는 말이 나오기는 했어도 아직 대중적으로 쓰이지는 않던 때라, 같은 생각을 하는 지질학자라도 다른 말을 썼다.

프린스턴 대학에 있던 윌리엄 모건은 판구조론을 더욱 확장하고 실질적인 증거들을 모아 판구조론을 탄탄하게 만든 주인공이지만 1968년에 발표한 자신의 논문 서두에서 "지표는 몇 개의 강체 블록으로 이루어져 있다." 하고 밝혔다. 판 대신 강체 블록이라는 단어를 쓴 것이다. 같은 대상을 두고 다른 단어를 쓰는 것은 혼선을 빚기 때문에 나중에는 판, 판구조론이라는 말로 통일되었다. 자, 이제 판구조론의 내용을 알아보자.

지구는 커다란 판 여섯 개와 작은 판 열두 개로 덮여 있다. 이것은 삶은 달걀을 식탁에 지그시 눌러 굴렸을 때 껍질이 여러 조각으로 깨져 겨우 붙어 있는 모습과 아주 비슷하다. 만약 지구를 한 손에 들 정도로 어머어마하게 큰 거인이 있다면 지구에

아슬아슬하게 붙어 있는 판을 달걀 껍데기처럼 벗겨 낼 수도 있다. 이 판들은 대륙지각으로 이루어진 대륙판과 해양지각으로 이루어진 해양판으로 나눌 수 있다. 유라시아 판처럼 대륙지각만으로 이루어진 판도 있고, 태평양판처럼 해양지각만으로 이루어진 판도 있다. 또 북아메리카 판이나 남아메리카 판처럼 아메리카 대륙을 이루는 대륙판과 대서양을 이루는 해양판이 붙어 하나의 판이 되기도 한다.

한편 판과 판이 만나는 방식에 따라 판의 경계를 구분하는데, 발산형 경계·수렴형 경계·보존형 경계 등 크게 세 가지로 나눌 수 있다. 대서양 밑바닥에 있는 대서양 중앙해령은 북반구에서는 북아메리카 판과 유라시아 판이 만나고 남반구에서는 남아메리카 판과 아프리카 판이 만나는 곳이다. 해령의 경우 이곳에서 새로운 해양지각이 생겨나기 때문에 발산형 경계다. 그래서 대서양은 점점 넓어지고 있다.

반면, 태평양판은 전체가 하나의 판이라서 대서양처럼 멋지고 극적인 해령은 없다. 그 대신 남태평양과 남아메리카 사이에 작은 나스카 판이 있고 이 나스카 판과 태평양판 사이에 해령이 있어서 해양지각이 생긴다. 이곳을 동태평양 해령이라고 부른다. 태평양판은 새로운 지각이 생기기는커녕 사방에서 판들이 조이기 때문에 점점 좁아져 언젠가는 사라질 것이다. 이렇게 원래 바다였던 곳이 판과 판 사이에 끼어 사라진 좋은 예는 우랄산맥이다. 우랄산맥은 러시아를 가로질러 남으로 카자흐스탄까지 내려오는데, 이곳은 원래 바다였다가 판과 판이 만나는 바람에 바다가 사라지고 땅에 주름이 잡힌 결과 생겼다.

해양지각이 대륙지각 밑으로 파고드는 해구는 해양판이 사라지는 수렴형 경계다. 호기심이 있는 사람이라면 대륙지각과 해양지각이 만나는데 왜 하필 해양지각이 밑으로 파고드는지 질문할 것이다. 그 이유는 정말 간단하다. 해양지각의 밀도가 크

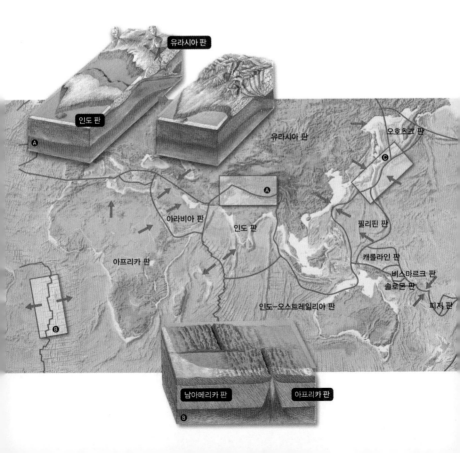

기 때문이다. 어떤 작전이나 음모가 아니라 밀도의 차이라는 아주 근본적인 이유가 작용한 결과다. 지구상에서 가장 깊은 해구는 마리아나 해구로, 필리핀 판과 태평양판이 만나는 곳에 있으며 길이는 남북으로 2550km지만 폭은 겨우 69km다. 그리고 깊이는 1만 1000km로 히말라야 산맥을 거꾸로 넣고도 남을 정도다. 2012년 3월, 영화감독 제임스 카메론이 1인 잠수정을 타고 마리아나 해구 바닥까지 탐사 여행을 갔다. 그는 〈타이타닉〉과 〈아바타〉를 비롯해 흥행에 성공한 영화를 만든 감독으로, 할리

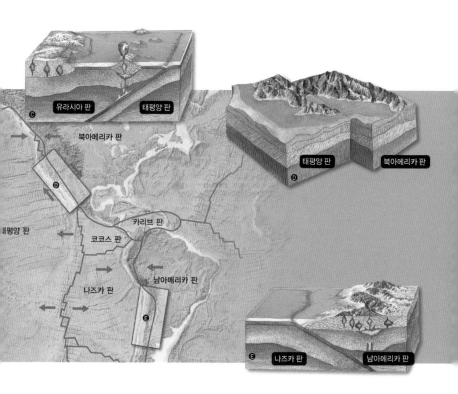

우드에서 번 돈을 해구 탐사에 썼다고 한다. 카메론이 탄 잠수정에는 3D카메라가 달려 있었고 다음 영화 제작에 쓸 자료를 수집했다는 후문이 있다. 이쯤에서 우리는 해저 지도를 만든 타프와 히진이 그들이 만든 지도에 화가의 그림을 넣어서 책을 만든 일을 기억해야 한다. 과학적 성과가 대중에게 다가가도록 만드는 데는 예술가의 도움이 꼭 필요하다.

미국 서부 캘리포니아와 삐죽이 튀어나온 반도 사이에 만을 이루는 바다 밑은 산안드레아스 단층이라고 부르는데, 이곳은 판과 판이 만나 서로 반대 방향으로 긁으며 지나간다. 이런 곳은 지각이 생기지도 사라지지도 않는 보존형 경계라고 하며 두 판이 서로 긁는 탓에 지진이 자주 일어난다. 머지않아 캘리포니아반도는 북아메리카 대륙에서 떨어져 독립할 것이다. 판과 판이 만나는 경계 지역은 지진이 자주 일어나지만, 판의 중간 부분은 지진이 일어날 이유가 없다. 그래서 대륙 한가운데서는 지진이 잘 일어나지 않는다.

이렇게 지구 표면이 여러 조각의 판으로 끊임없이 재편되고 있다는 사실을 알았다면 가장 기뻤을 사람은 앨프리드 월리스다. 그는 다윈과 같은 시기에 독자적으로 진화설을 발표한 사람으로 원래 지질학자다. 월리스는 수많은 섬으로 가득 찬 말레이 군도를 여행하면서 그곳 동식물의 분포가 아주 이상하다는 것을 발견했다. 말레이 군도는 오스트레일리아와 인도네시아 사이에 섬들이 널려 있는 지역으로 우리가 익히 들어 알고 있는 보루네오, 수마트라, 뉴기니 같은 큰 섬과 함께 작은 섬들이 셀 수 없을 정도로 많다.

월리스는 이 지역에 마치 누군가 선을 그어 놓은 것처럼 동식물의 분포가 확연히 달라지는 곳이 있다는 점을 발견했다. 보르네오 섬과 자와 섬 서쪽으로는 아시아에 분포하는 동식물만 살고, 보르네오 섬 바로 맞은편에 있는 술라웨시 섬과 플로레스 섬에는 오스트레일리아나 뉴기니에 분포하는 동식물만 살고 있었다. 이 눈에 보이지 않는 선이 아주 분명해서 양쪽의 동식물은 절대 섞이지 않았다. 이 선을 '월리스선'이라고 부른다. 월리스는 맨눈으로 식물의 분포에 경계선이 존재한다는 사실을 알아차릴 만큼 직관력이 뛰어났지만, 왜 이런 일이 일어나는지는 알 수 없었다.

오늘날 지질학자들은 월리스선이 판구조론이 만들어 낸 놀라운 결과라고 해석한다. 보르네오 섬과 자와 섬은 유라시아 판에 속하고, 술라웨시 섬과 플로레스 섬은 뉴기니·오스트레일리아와 함께 인도-오스트레일리아 판에 속해 있다. 오늘날에는 보르네오 섬과 술라웨시 섬이 바로 코앞에 있는 것처럼 붙어 있지만 1억~2억 년 전에 이 땅들은 이웃이 아니었다. 이 두 지역에 사는 동식물은 전혀 다른 형태와 습성을 가질 수밖에 없었다. 시간이 흘러 인도-오스트레일리아 판이 유라시아 판을 밀어붙이며 북쪽으로 올라와 보르네오 섬과 술라웨시 섬은 좁은 바다를 사이에 두고 만나게 되었지만, 두 섬에 사는 동식물이 섞일 정도로 긴 시간이 흐르지는 않은 상태다. 월리스는 이런 상태를 직관적으로 알아본 것이다.

월리스의 뒤를 이어 판구조론 때문에 만세를 부를 또 한 사람은 빙하에 대해 열정적으로 연구하던 루이 아가시다. 빙하는 비나 바람보다 훨씬 센 힘으로 땅에 깊은 자국을 남긴다. 만년설이 굳어서 만들어진 빙하는 자체 무게 때문에 낮은 곳으로 아주 천천히 물처럼 계곡을 따라 내려온다. 그런데 절대 얌전히 내려오지 않고 땅에 박혀 있는 집채만 한 바위에서 작은 돌덩어리까지 몽땅 끌고 내려온다. 만약 우리나라에 빙하가 있다면, 주변에 있는 사람을 물로 끌어들인다는 물귀신 대신 무엇이든 얼음으로 얼려 끌고 가는 빙하귀신이라는 말이 생겼을 것이다. 얼음에 박힌 바위들 역시 얌전히 내려오지 않는다. 뾰족한 것으로 차를 긁으면 차에 흠집이 남는 것처럼 계곡 벽에도 바위가 긁고 지나간 흔적이 오선지처럼 생겨 뚜렷이 남는다.

빙하가 따뜻한 곳까지 내려오면 빙하는 녹아 사라지고 그 자리에 바위와 돌 들이 남는다. 사람들은 이런 바위를 보고 도저히 이해할 수 없었는데, 근처의 돌과는 전혀 다른 종류의 돌이 덩그러니 놓여 있기 때문이었다. 어디서 왔는지 알 수 없는 그 바위와 돌이 수백 킬로미터 떨어진 산에서는 흔히 볼 수 있는 것들이라는 점을 알아차린 사람도 있었을 것이다. 하지만 문제는 역시 누가, 아니, 무엇이 돌들을 고향에서 끌어내 그곳에 가져다 놓았느냐는 점이었다.

라이엘을 비롯해 많은 사람들이 그것이 빙하의 소행이라는 것을 어렴풋이 짐작하고 조심스럽게 주장했지만, 그 누구보다 공격적으로 빙하설을 주장해서 사람들을 당황하게 만든 사람이 아가시다. 아가시는 원래 극렬하게 빙하론을 반대했기 때문에 사람들의 놀라움은 더 컸다. 아가시는 학술 강연회에서 빙하의 구실에 대해 역설하는 것은 물론이고 귀찮아하는 회원들을 이끌고 산으로 올라가 빙하가 옮겨다 놓은 것이 분명한 빙퇴석들을 보여 주며 빙하에 대해 믿으라고 강요하다시피 했다. 그는 빙하에 말뚝을 박아 빙하가 얼마나 빠르게 흐르는지도 측정했다. 빙하는 생각보다 훨씬 빨리 흘러 내려갔다. 그가 말한 빙하의 구실은 그저 추측이 아니라 사실이었던 것이다. 아가시는 거기에서 더 나아가 온 지구가 한때 빙하로 뒤덮여 있었다는 빙하기를 주장하기도 했다.

이 모든 것이 오늘날에는 옳은 것으로 증명되었고 인류가 뛰어난 지능을 자랑하며 지금 이 순간 지구에서 가장 잘나가는 생물 종이 된 것이 혹독한 빙하기를 잘 견뎌 냈기 때문이라는 이론도 있지만, 19세기 당시에는 받아들이기 쉬운 개념이 아니었다. 시대의 선각자들이 늘 그렇듯이 아가시도 빙하라는 존재를 사람들에게 각인시키는 데 애를 먹었다. 그러나 세월은 흘러, 지구에 빙하가 완전히 둘러싸고 있던 시절뿐만 아니라 빙하가 한 점도 없던 시절 또한 있었다는 사실이 고기후 연구에서 밝혀졌다. 게다가 대륙이동설과 판구조론을 증명하는 여러 방법 중에 빙하의 흔적이 중요한 위치를 차지한다는 사실을 알면 아가시는 아마 만세를 부를 것이다.

판구조론이 대세를 이루자 과학자들은 자연스럽게 무엇이 판을 움직이는지를 궁금해했다. 가장 유력한 설명은 지각 바로 아래에 있는 맨틀의 대류 현상이다. 맨틀이 대류할 수 있는 에너지는 그 아래에 있는 핵에서 나온다. 핵에 있는 방사성원소들이 끊임없이 내놓는 열이 판을 움직이는 에너지원이다. 다행스럽게 판은 아주 느리게 움직인다. 맨틀 대류가 발생했다 소멸하는 주기는 약 2억 년으로 대류 속도는 평균 1년에 5cm 정도라고 한다. 이렇게 맨틀이 대류해 북아메리카 판과 유라시아 판이 1년에 2.5cm씩 움직이는데, 이것은 사람의 손톱이 자라는 속도와 비슷하다.

이런 속도로 움직여서 언제 세상이 바뀔까? 그건 길어야 100년밖에 살지 못하는 인간의 생각이고, 판들에게는 시간이 아주 많기 때문에 1억 년 후에는 지금과 전혀 다른 대륙 분포를 볼 수 있을 것이다. 3억 년 전에는 베게너가 판게아라고 부르던 커다란 대륙 하나만 있었다. 그러나 판게아가 쪼개져 지금과 같이 여러 대륙으로 흩어졌으며 앞으로 3억 년 뒤에는 대륙들이 다시 하나로 뭉칠 것이다. 우리는 아주 느리게 움직이는 무대에서 살아가는 셈이다.

이로써 베게너가 주장한 대륙이동설은 반세기 만에 해저확장설의 지원 사격을 받으며 판구조론으로 발전했다. 땅은 확실히 움직인다!

21

열기둥 플룸, 판을 움직이는 원동력일까?

판구조론이 이렇게 많은 것들을 설명해 주는 데도 아직까지 과학자들은 어떤 힘이 판을 움직이는지에 대해서는 명쾌하게 결론을 내리지 못하고 있다. 그동안 과학자들이 생각해 낸 것은 맨틀대류설이다. 핵이 맨틀보다 훨씬 뜨겁기 때문에 맨틀은 불 위에 올려진 물엿처럼 데워져, 뜨거워진 맨틀은 지각 쪽으로 이동하고 지각에 열을 빼앗긴 맨틀은 다시 핵 쪽으로 가라앉는 대류 운동을 한다. 맨틀은 물엿이라기보다 물에 젖어 뻑뻑한 녹말과 비슷해서 빠르게 이동하지 않는다. 그러나 수천 년 수만 년을 놓고 보자면 그 이동 속도는 대단해서 맨틀 위에 얹혀 있는

지각이 무임승차를 하는 결과를 가져온다. 땅이 움직인다는 말이다. 그러나 이런 설명이 판이 이동하는 원인을 완벽하게 밝혔다고 할 수는 없다.

가장 문제가 되는 것은 해령에서 생긴 해양지각이 밀어내는 힘만으로는 해양판이 대륙판을 만났을 때 파고 들어가기에 부족하다는 점이다. 게다가 기술이 무서운 속도로 발전해 지구 속을 간접적으로 들여다볼 수 있게 되었는데, 맨틀 속이 그동안 생각하던 것처럼 간단하지 않았다. 맨틀의 대류만으로 대륙을 움직이기는 어렵다고 생각하던 지질학자들은 하와이와 타히티에 관심을 두기 시작했다.

1965년에 투조 윌슨은 태평양 가운데에는 맨틀 깊은 부분, 어쩌면 외핵에서 뜨거운 마그마가 끊임없이 솟아오르는 부분이 있고, 바로 그것 때문에 하와이 열도가 생겼다고 주장했다. 윌슨은 하와이 열도에 아주 관심이 많았다. 누군들 하와이에 관심이 없겠나 싶지만, 윌슨이 흥미를 보인 것은 와이키키 해변이나 하와이 원주민의 애환이 담긴 훌라댄스가 아니라 하와이에 있는 섬들의 나이다.

하와이는 수십 개의 섬이 줄지어 있어서 하와이 열도라고 부르고, 하와이는 가장 남쪽에 있는 가장 큰 섬의 이름이다. 와이키키 해변으로 유명한 섬은 하와이 섬보다 북쪽에 있는 오아

하와이 섬

하와이 열도

하와이 섬 아래에는 마그마가 고여 있는 열점이 맨틀에 있고, 이 열점은 움직이지 않는다. 그러나 태평양판을 이루는 지각은 북서쪽으로 움직이기 때문에 화산이 줄지어 나타나는 것으로 보인다. 사진은 하와이 열도 중 오아후 섬으로, 하와이 섬보다 나이가 많고 안정된 화산섬이다.

후 섬이고, 이 두 섬 사이에는 마우이·몰로카이·라나이 섬이 있다. 오아후보다 북쪽에는 여러 섬이 줄지어 있으며 북쪽 끝은 알류산 해구까지 이어진다. 이 섬들은 모두 화산이 분출해서 생긴 화산섬이다. 재미있는 것은 북쪽에 있는 섬일수록 나이가 많고 남쪽에 있는 하와이 섬의 나이가 가장 어리며 하와이 섬 남쪽 바다 속에서는 아직 해수면 위로 머리를 드러내지 않은 해저화산 로이히가 점차 자라고 있다는 점이다. 태평양은 그 자체가 커다란 판으로, 대서양과 달리 중앙을 가르는 해령이 없다. 그렇다면 이 화산은 어디에서 나타났을까?

윌슨은 맨틀의 아주 깊은 곳, 핵과 만나는 지점에 뜨거운 물질이 솟아오르는 기둥이 있으며 이 기둥은 맨틀의 대류와는 아무 관련 없이 늘 고정된 상태를 유지한다고 보았다. 이 불기둥이 핫스폿, 우리말로 열점이다. 열점은 고정되어 있고, 태평양판은 남에서 북서쪽으로 움직인다. 열점에서는 계속 뜨거운 마그마가 태평양판을 뚫고 올라와 화산을 만든다. 이것은 태평양판이 마치 컨베이어 벨트처럼 움직이면서 화산섬을 싣고 북쪽으로 가는 형국이다. 결국 하와이 열도의 가장 남쪽에 있는 하와이 섬이 가장 최근에 생긴 화산이고, 시간이 지나면 하와이 섬에 화산 분출이 더는 일어나지 않고 해저화산인 로이히가 해수면 위로 올라와 살아 있는 화산의 자리를 물려받을 것이다. 현재 열점의 위치는 로이히 아래로 알려져 있다. 열점에서 분출해 하와이 섬을 만든 용암의 성분과 대서양 중앙해령을 만든 용암의 성분은 다르다. 맨틀이 균일한 물질로 이루어지지 않았다는 뜻이다.

1980년대에 들어 좀 더 정밀한 지진계가 만들어지면서 지진파들이 들려주는 이야기를 자세히 해석할 수 있게 되었다. 우리가 X선 사진을 찍어 뼈를 들여다보듯 지진파는 X선 구실을 해서 지구 내부의 사진을 찍을 수 있도록 도와준다. 이를 이용해 본 결과 맨틀 내부에는 지진파의 속도를 느리게 하는 어떤 거대한 영역들이 있다는 사실을 알 수 있었다. 1990년대에는 맨틀 전체의 내부 구조가 거의 밝혀졌다.

지질학자들은 지진파 연구로 밝혀낸 맨틀의 내부 구조에서 아주 흥미로운 점을 발견했다. 지진파가 느려지는 부분을 3차원으로 바꾸어 보았더니 잎이 다 떨어진 채 굵고 비틀린 가지만 남은 거대한 고목 같은 형상을 하고 있었다. 그리고 이 부분은 주변보다 온도가 월등히 높았다. 또 다른 지진파 연구 자료에 따르면, 이 뜨거운 열기둥은 외핵에서부터 지각까지 바로 올라와 남태평양의 타히티와 하와이로 연결되며 또 다른 열기둥은 역시 외핵에서 대서양 중앙해령 아래까지 형성되어 있었다. 과학자들은 이 기둥 모양의 흐름에 '플룸'이라는 이름을 붙였다.

뜨거운 것이 있으면 당연히 차가운 것도 있다. 맨틀을 통과

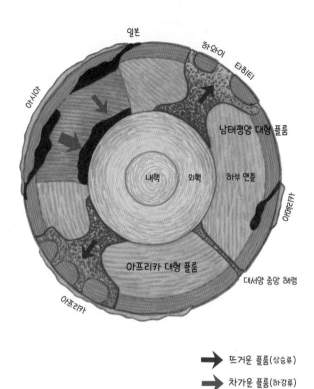

일본
하와이 타히티
아시아
남태평양 대형 플룸
내핵 외핵 하부 맨틀
아메리카
아프리카 대형 플룸
대서양 중앙 해령
아프리카

➡ 뜨거운 플룸(상승류)
➡ 차가운 플룸(하강류)

플룸 모형 모식도

외핵과 맞닿아 있는 뜨거운 플룸 기둥이 마치 잎이 없는 고목처럼 보인다. 뜨거운 플룸은 지구 내부의 열을 지각으로 끌어올려 조산 활동의 원인이 되고, 외핵으로 가라앉는 차가운 플룸은 맨틀 내부에 빈자리를 만들어 지각이 가라앉는 원인을 제공한다.

하는 지진파가 어느 영역에서는 몹시 빨라지는데, 이런 부분은 덩어리가 지거나 넓적한 판 같은 모양이고 주변보다 온도는 낮고 밀도는 높다. 이것도 플룸이라고 부른다. 이제 감각 있는 사람이라면 뜨거운 플룸과 차가운 플룸이 있다는 것을 알았을 것이다.

플룸 이론의 목적은 앞서 말한 것처럼 판이 움직이는 원동력을 설명하는 것이다. 그러나 플룸 이론에서는 대륙 이동의 원인을 뜨거운 플룸이 아니라 차가운 플룸으로 본다. 가까운 일본을 예로 들어 보자. 도쿄가 있는 일본 동쪽 바다 아래에는 태평양에서 해양지각이 밀고 들어와 해구를 형성하고 있다. 해구 아래로 밀려 들어온 해양지각은 바로 맨틀과 융화되지 않고 차곡차곡 쌓여 덩어리를 형성한다. 이 덩어리들은 바다에서 왔으니 당연히 맨틀보다 차갑고 밀도가 높다. 그래서 이 덩어리가 몇 나라를 합친 것만큼 엄청나게 커지면 엿이 덩어리져 떨어지듯 해구에서 뚝 끊어져 맨틀 아래로 떨어진다. 이것이 차가운 플룸이다. 차가운 플룸은 서서히 가라앉는다. 이런 일은 거의 4억 년에 한 번씩 일어난다고 한다.

쌓여 있던 덩어리가 떨어져 나간 자리는 다시 해양지각이 몰려와 채운다. 해양지각이 해구로 밀려드는 것은 해령이 생긴 지각이 밀어붙여서가 아니라 해구에 빈자리가 생겼기 때문이다. 결국 지각을 움직이는 원동력은 '비움'인 셈이다. 이와 유사한 원리는 바다에서도 작용한다. 바다에는 5000년을 주기로 전 세계 바다가 한 번씩 순환하는 대양 컨베이어 벨트가 있다. 이 바다 순환은 북극의 차고 짠 바닷물로부터 시작된다. 어찌 된 일인지 바닷물은 얼면서 소금을 밀어낸다. 그래서 추우면 추울수록 북극해의 빙하는 커지고 바닷물은 짜진다. 밀도가 큰 이 물은 북극해 밑으로 가라앉아 심해 물고기들만 아는 길을 따라 남쪽으로 내려간다. 그리고 해수면에서는 밀도가 큰 바닷물이 가라앉아 생긴 빈자리를 매우기 위해 덜 차고 덜 짠 바닷물이 밀려든다.

북극해의 빈자리를 채우는 이 바닷물은 5000년 전 바로 이 자리에서 출발해 대서양을 가로질러 아프리카 희망봉을 돌아 인도양과 태평양을 거쳐 남아메리카와 남극 사이를 지나 다시 북극으로 돌아온 바로 그 물이다. 만약 지구 온난화가 가속되면 북극에 얼음이 얼지 않고 바닷물이 짜지지 않아 가라앉지 않을 것이다. 북극해가 빈자리를 만들지 않으면 거대한 순환의 고리가 끊어지고 만다. 고생물학자들의 말에 따르면, 과거에 대양 컨베이어 벨트가 멈추자 지구 생물이 멸종했다고 한다.

다시 플룸 이야기로 돌아와 차가운 플룸이 어떻게 뜨거운 플룸을 움직이는지 알아보자. 차가운 플룸이 가라앉아 외핵까지 떨어지면 그 근처에 있던 뜨거운 맨틀이 요동한다. 무엇인가가 묵직하게 떨어져 바닥을 치니 주변에 있던 뜨거운 것들이 천천히 밀려서 올라가는 것이다. 이것은 먼지가 많은 바닥에 책이 떨어졌을 때 주변에 있던 먼지들이 두둥실 떠오르는 장면을 슬로모션으로 보는 것과 비슷하다. 거대한 버섯 삿갓 모양을 하고 뭉실뭉실 솟아오르는 것이 바로 뜨거운 플룸이다. 외핵에서 지각까지 끊어지지 않고 연속적으로 솟구치는 것이 있는가 하면, 올라가다 버섯 삿갓 부분이 끊겨 풍선처럼 둥실둥실 떠오르는 것도 있다.

뜨거운 플룸은 아프리카 대형 플룸과 남태평양 대형 플룸이 있다. 아프리카의 경우 이 솟아오르는 대형 플룸 때문에 동아프리카 지구대가 생겨 아프리카 대륙은 머지않아 두 조각으로 나뉠 것이다. 남태평양 대형 플룸의 경우 하와이 열점, 타히티, 동태평양 해령을 만든다. 또 다른 대형 플룸이 대서양 중앙해령을 만든다. 북아메리카 대륙 한가운데 평화로운 모습으로 있는 옐로스톤 공원도 떠오르고 있는 이름 모를 뜨거운 플룸 때문에 곧 커다란 폭발을 일으키며 사라질지 모른다.

어떤 지질학자들은 중앙아시아의 거대한 몽골 분지 아래에서 넓적하고 차가운 플룸이 가라앉고 있다고 주장한다. 그들의 말이 옳다면, 중앙아시아는 더 꺼져 내릴 것이다.

플룸 이론은 지구 규모의 뜨겁고 큰 상승 흐름과 차갑고 무거운 하강 흐름이 맨틀을 가로질러 외핵 바로 위까지 이어진다는 이론으로 판구조론의 문제를 풀기 위해 생겨났다. 하지만 아직까지 정확하게 정립된 것은 없다. 우리는 베게너의 대륙이동설과 헤스의 해저확장설이 지난한 과정을 거쳐 인정받았다는 것을 상기해야 한다. 플룸 이론도 지금 인정받기 위해 부단히 달려가고 있다.

우리는 우주의 나이가 138억 년이라는 것과 지구의 나이가 얼추 46억 년이라는 것, 태양의 수명이 50억 년쯤 남았다는 것을 안다. 우리은하 안에서 태양계의 위치가 어디쯤인지 알고, 그 속에서 지구가 어디쯤 달려가고 있으며 몇 달 뒤에는 어디로 갈지도 안다. 우주선을 만들어 태양계에 있는 행성과 위성 들의 다양한 모습을 직접 보기도 한다. 하지만 막상 우리가 살고 있는 지구 속에 대해서는 거의 모른다. 우리가 살고 있는 이 땅에 수명이 있다는 것을 모른다.

인간이 죽으면 흙으로 돌아가는 것처럼 지각도 해구를 통해 맨틀로 돌아간다. 지각의 수명은 기껏해야 2억 년. 지구의 시계로는 그리 길지 않은 시간이다. 오로지 물질에만 가치를 두는 것이 얼마나 덧없는지 모른다. 지금 욕심내서 재물을 모으고 땅을 사서 내 것을 만들어도 다 소용없다. 2억 년 뒤면 그것은 모두 지구 속으로 들어가 새 땅으로 태어날 준비를 한다. 그리고 이런 일을 스무 번쯤 반복할 무렵에는 지구 속에 있던 난로가 다 꺼져 땅의 순환마저 멈추고 만다. 그때쯤이면 태양도 마지막 힘을 짜내 깜빡이다 결국 꺼진다. 영원한 것은 없다.

그런데 궁금한 것이 있다. 지구에 사는 그 많은 생물들은 다 어떻게 될까? 꺼져 가는 태양의 마지막 입김 때문에 멸종해서 흔적도 없이 사라질까? 또는 공포 영화의 마지막 장면처럼 속편을 예고하는 사건이 벌어질까? 여러분의 생각은?

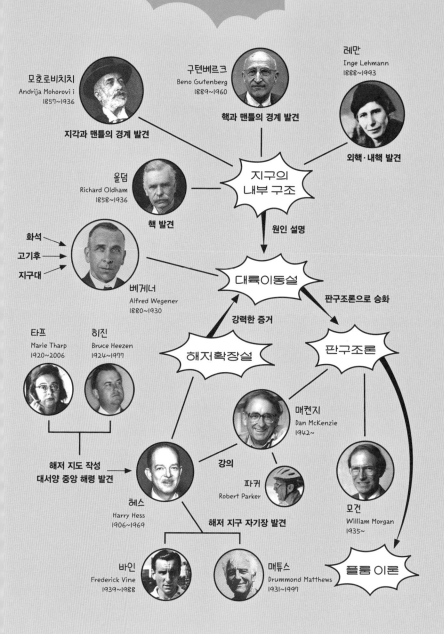

움직이는 지구를
찾아라!

모호로비치치
Andrija Mohorovi i
1857~1936
지각과 맨틀의 경계 발견

구텐베르크
Beno Gutenberg
1889~1960
핵과 맨틀의 경계 발견

레만
Inge Lehmann
1888~1993
외핵·내핵 발견

올덤
Richard Oldham
1858~1936
핵 발견

지구의
내부 구조

원인 설명

화석
고기후
지구대

베게너
Alfred Wegener
1880~1930

대륙이동설

판구조론으로 승화

타프
Marie Tharp
1920~2006

히진
Bruce Heezen
1924~1977

강력한 증거

해저확장설

판구조론

**해저 지도 작성
대서양 중앙 해령 발견**

매켄지
Dan McKenzie
1942~

강의

파커
Robert Parker

헤스
Harry Hess
1906~1969

해저 지구 자기장 발견

모건
William Morgan
1935~

바인
Frederick Vine
1939~1988

매튜스
Drummond Matthews
1931~1997

플룸 이론

∞

와,
지구 속으로!

　　지구 속으로 깊이 들어가려면 이미 깊은 흠집이 나 있는 곳을 공략하는 것이 좋다. 지구에서 가장 깊은 구덩이는 바로 마리아나 해구. 자유 낙하로 1만 1000m 아래로 그냥 떨어질 수 있다. 바닷물을 헤치고 떨어져야 해서 바닥까지 닿는 데 세 시간 정도 걸리지만 아무런 동력을 사용하지 않아도 그냥 아래로 내려간다는 장점이 있다. 그러나 그 아래는 압력이 지상의 1000배나 되고 온도가 1~4℃ 정도니 살인적인 압력을 견딜 수 있는 티타늄으로 잠수함을 만들고 산소통도 꼭 챙겨야 하며 난방장치도 갖춰야 한다. 자, 출발!

1

마리아나 해구 바닥 근처에 오니 길이가 10cm도 넘는 거대한 아메바들이 보인다. 이 아메바들은 빛이 없고 추운 곳에서 살기에 최적화된 생물로 납·우라늄·수은 같은 중금속을 흡수하고, 죽은 뒤에는 해구 바닥에 가라앉아 천연 유기물 비료가 된다. 그런데 이걸 누가 쓰지?

2

드디어 바닥에 닿았다. 이제 잠수함에서 다이아몬드 날을 붙인 드릴이 나와 해구 바닥을 뚫는다. 깊은 해구에 떨어진 덕분에 그리 많이 파지 않아도 곧 맨틀과 만날 것이다. 하하, 기대된다.

3

후끈한 기운이 느껴진다. 아무래도 맨틀로 들어선 모양이다. 조금 더 파 내려가니 아주 단단한 무엇인가에 부딪혔다. 밀도가 높은 어떤 덩어리에 부딪힌 것 같은데, 이것이 바로 지질학자들이 말하는 차가운 플룸 덩어리인가 보다. 그런데 이 차가운 플룸 덩어리의 온도를 재 보니 수천 도다. 지질학자, 이 거짓말쟁이들. 이건 '차가운' 게 아니잖아!

4

차가운 플룸 덩어리 안으로 들어가자 드릴에 무리가 가는지 이상한 소리가 난다. 아무래도 드릴을 꺼야겠다. 드릴을 꺼도 이미 차가운 플룸 덩어리 안에 들어와 있으니, 이 플룸 덩어리와 함께 저절로 내려가 외핵 근처까지 닿을 것이다. 그러면 연료를 또 절약할 수 있다.

5

앗, 절망적이다. 플룸의 이동 속도가 너무 느려서 외핵까지 내려가려면 수백만 년이 걸린다. 아무래도 무슨 수를 써야겠다. 무리가 가도 드릴을 쓸 수밖에. 으아, 너무 덥다. 난방장치가 아주 훌륭해도 탈이구나. 현재 깊이 2200km.

6

갑자기 드릴이 잘 돌아가고 훨씬 더워졌다. 플룸을 빠져나와 맨틀에 들어선 것 같다. 점점 더 더워지고 압력도 더 세진다. 현재 깊이 2900km. 야호, 이제 외핵이다!

7

전광판에 잠수정 밖의 원소를 분석한 수치가 나온다. 철

80%, 니켈 20%. 황, 규소, 산소 따위가 아주 조금 섞여 있다고 한다. 드디어 외핵에 들어섰나 보다. 드릴이 다시 힘겹게 돌아간다. 외핵은 레미콘에 들어 있는 콘크리트 반죽 같은 상태다. 현재 깊이는 3500km. 으아, 더워.

8

드릴이 갑자기 아주 단단한 것에 박혀 전혀 돌아가지 않는다. 으아, 어쩌지? 전광판을 보니 철 80%, 니켈 20%. 다른 물질은 전혀 없다고 나온다. 드디어 내핵에 닿았나 보다. 내핵은 철과 니켈로 이루어진 단단한 금속 덩어리와 같다. 문득 자연사박물관에서 본 철질 운석이 생각난다. 운석이 지구에 떨어질 때 통째로 구워져 운석 내부에서 극적인 재배열이 일어난다. 운석에 포함되어 있던 철은 가장 무거운 원소라서 운석 가운데로 모이고 가벼운 것들은 밖으로 밀려나 지구 대기를 통과하는 동안 다 타 버린다. 결국 껍질은 홀라당 타 버리고 속에 있던 철 덩어리만 남아 땅에 텅 하고 떨어지는 거다. 아, 다이아몬드 드릴도 소용없구나. 현재 깊이 5100km.

9

좋아, 아래로 내려가지 말고 내핵과 외핵의 사이 레만 불연속면을 따라 옆으로 가자. 거기에서 외핵을 뚫고 올라가 상승하는 뜨거운 플룸 덩어리를 만나는 거야. 그러면 지상으로 돌아갈 수 있어. 자, 힘내자!

10

아, 2000km쯤 이동한 것 같다. 계산상으로는 여기서 외핵을 뚫고 위로 올라가면 바로 남태평양 대형 플룸으로 갈아탈 수 있을 거야. 어디 보자. 남아 있는 연료가 아슬아슬하군. 하지만 맨틀까지 조금만 더 힘을 내자. 현재 깊이는 여전히 5100km.

11

드디어 외핵을 뚫고 다시 맨틀까지 왔다. 엇! 뭔가 느껴진다. 훨씬 뜨겁고 맨틀과 달리 마그마 같은 느낌이 든다. 좋아, 이 뜨거운 플룸 덩어리 속으로 들어가자. 현재 깊이 2900km.

12

와, 올라갈수록 속도가 붙네. 누가 위로 밀어붙이는 것 같은 느낌이야. 와우!

13

쿨럭! 여긴 어디지? 다시 바닷속이네. 잠수정을 밀어붙인 마그마는 나오자마자 바닷물을 만나 바로 식고 말았다. 다시 보니 바닷속 화산이구나. 전광판에 하와이 섬 남쪽, 로이히라고 뜨는군. 내 계산이 맞았어. 제대로 나왔다고. 와, 난 살았다. 아주 시원해. 다시 난방장치를 켜야겠어.

찾아보기

천동설 50, 54, 56~58, 81, 83, 85

- 크레딧 표시가 없는 이미지는 셔터스톡 제공 사진입니다.
- 저작권 처리 과정 중 누락된 이미지에 대해서는 확인되는 대로 통상의 절차를 밟겠습니다.

용감한 과학자들의 지구 언박싱

초판 1쇄 발행일 2013년 8월 19일
개정1판 1쇄 발행일 2024년 2월 26일

지은이 이지유

발행인 김학원
발행처 (주)휴머니스트출판그룹
출판등록 제313-2007-000007호(2007년 1월 5일)
주소 (03991) 서울시 마포구 동교로23길 76(연남동)
전화 02-335-4422 **팩스** 02-334-3427
저자·독자 서비스 humanist@humanistbooks.com
홈페이지 www.humanistbooks.com
유튜브 youtube.com/user/humanistma **포스트** post.naver.com/hmcv
페이스북 facebook.com/hmcv2001 **인스타그램** @humanist_insta

편집주간 황서현 **편집** 윤소빈 **디자인** 유주현 **본문 일러스트** 박근용 김윤경 임근선
조판 홍영사 **용지** 화인페이퍼 **인쇄·제본** 정민문화사

ⓒ 이지유, 2024

ISBN 979-11-7087-116-3 44400
ISBN 979-11-7087-114-9 44400 (전 2권)